U0221722

受浙江大学文科高水平学术著作出版基金资助

"十三五"国家重点出版物出版规划

国家出版基金项目
NATIONAL PUBLICATION FOUNDATION

大国大转型
中国经济转型与创新发展丛书
中国（海南）改革发展研究院组织编著

绿色发展

走向生态环境治理体系现代化

GREEN
DEVELOPMENT:
TOWARD
MODERNIZATION
OF
ECOLOGICAL
AND
ENVIRONMENTAL
GOVERNANCE
SYSTEMS

李宏伟◎著

ZHEJIANG UNIVERSITY PRESS
浙江大学出版社

总　序

"十四五"：以高水平开放形成改革发展新布局

迟福林

当今世界正处于百年未有之大变局。经过40多年的改革开放，中国与世界的关系发生历史性变化。作为新型开放大国，中国如何看世界、如何与世界融合发展？处于调整变化的世界，如何看中国、如何共建开放型经济体系？这是国内外普遍关注的重大问题。作为经济转型大国，我国既迎来重要的战略机遇，也面临着前所未有的挑战。"十四五"时期，我国经济正处于转型变革的关键时期，经济转型升级仍有较大空间，并蕴藏着巨大的增长潜力，我国仍处于重要战略机遇期。

在这个大背景下，推进高水平开放成为牵动和影响"十四五"改革发展的关键因素。面对百年未有之大变局，中国以高水平开放推动形成改革发展新布局，不仅对自身中长期发展有重大影响，而且将给世界经济增长和经济全球化进程带来重大利好。未来5—10年，中国以更高水平的开放引导国内全面深化改革将成为突出亮点。

以制度型开放形成深化市场化改革的新动力。在内外环境明显变化的背景下，开放成为牵动和影响全局的关键因素，开放与改革直接融合、开放引导改革、开放是最大改革的时代特征十分突出。

"十四五"时期，适应经济全球化大趋势和我国全方位开放新要求，需要把握住推进高水平开放的重要机遇，以制度型开放加快市场化改革，并在国内国际基本经贸规则的对接融合中优化制度性、结构性安排。由此产生全面深化改革的新动力，推进深层次的体制机制变革，建立高标准的市场经济体制，进一步提升我国经济的国际竞争力。

以高水平开放促进经济转型升级。习近平主席在首届中国国际进口博览会开幕式上发表讲话指出"过去40年中国经济发展是在开放条件下取得的，未来中国经济实现高质量发展也必须在更加开放条件下进行"。从经济转型升级蕴藏着的内需潜力看，未来五年，我国保持6%左右的经济增长率仍有条件、有可能。有效释放巨大的内需潜力，关键是推动扩大开放与经济转型升级直接融合，并且在这个融合中不断激发市场活力和增长潜力。由此，不仅将为我国高质量发展奠定重要基础，而且将对全球经济增长产生重要影响。

以高水平开放为主线布局"十四五"。无论内外部的发展环境如何变化，"十四五"时期，只要我们把握主动、扩大开放，坚持"开放的大门越开越大"，坚持在开放中完善自身体制机制，就能在适应经济全球化新形势中有效应对各类风险挑战，就能化"危"为"机"，实现由大国向强国的转变。这就需要适应全球经贸规则由"边境上开放"向"边境后开放"大趋势，优化制度性、结构性安排，促进高水平开放，对标国际规则，建立并完善以公开市场、公平竞争为主要标志的开放型经济体系。由此，不仅将推动我国逐步由全球经贸规则制定的参与国向主导国转变，而且将在维护经济全球化大局、反对单边主义与贸易保护主义中赢得更大主动。

2015 年,中国(海南)改革发展研究院与浙江大学出版社联合策划出版"大国大转型——中国经济转型与创新发展丛书",在社会各界中产生了积极反响,也通过国际出版合作"走出去"进一步提升了国际影响力。今年,在新的形势和背景下,在丛书第一辑的基础上,又集结各位专家的研究力量,围绕"十四五"以及更长时期内我国经济转型面临的重大问题继续深入研究分析,提出政策思路和解决之道。

在原有基础上,丛书第二辑吸纳了各个领域一批知名专家学者,使得丛书的选题视角进一步丰富提升。作为丛书编委会主任,对丛书出版付出艰辛努力的学术顾问、编委会成员、各位作者,对浙江大学出版社的编辑团队表示衷心的感谢!

本套丛书涵盖多个领域,仅代表作者本人的学术研究观点。丛书不追求学术观点的一致性,欢迎读者朋友批评指正!

2019 年 11 月

前　言

　　作为国家治理体系与治理能力的重要组成部分,生态环境治理体系与治理能力现代化是人与自然和谐共生的重要体现。生态环境治理体系和治理能力相辅相成,共同构成生态环境治理现代化。制度是党和国家事业发展的根本性、全局性、稳定性和长期性命题,而国家治理体系和治理能力是一个国家制度和制度执行能力的集中体现。生态文明制度是一切保障、支持和推动生态文明建设的规定和准则的总和,其表现形式为各种制度、法律、规章和条例等。生态文明制度是中国特色社会主义制度的重要组成部分。形成一整套系统完备的生态文明制度体系是推进生态文明建设的有效途径,也是实现国家生态环境治理体系现代化的根本保障。坚持和完善生态文明制度体系,促进人与自然和谐共生是推进国家治理体系现代化的重要内容。

　　党的十八大以来,我国高度重视生态文明制度建设。党的十八届三中全会提出,全面深化改革总目标是完善和发展中国特色社会主义制度,推进国家治理体系和治理能力现代化,在生态文明体制改革中提出一系列新思路新要求。党的十九大进一步明确提出,应加快生态文明体制改革,建设美丽中国,构建政府为主导、企业为主体、社会组织和公众共同参与的体系。党的十九届四中全会审议通过了《中共中央关于坚持和完善中国特色社会主义制度　推进国家治理体系和治理能力现代化若干重大问题的决定》，明确提出要把我国制度优势更好地转化为国家治理效能。生态文明建设的根本性任务"总体目标"，就是实现中国特色社会主义生态文明制度的不断完善和环境治理体系与能力的现代化。2019年11月，中共中央办公厅、国务院办公厅印发《关于构建现代环境治理体系的指导意见》，标志着我国以生态文明制度体系建设为代表的生态环境治理现代化进入了一个新的发展阶段。

本书深入贯彻习近平生态文明思想，依据党的十九届四中全会《决定》，通过考察我国生态文明制度建设的实践探索和理论创新，以建立健全生态文明制度体系为逻辑主线，以实现人与自然和谐共生的现代化为目标，从源头、过程、后果的全过程，按照"源头严防、过程严管、后果严惩"的思路，以各制度要素为抓手深入研究我国生态文明制度创新。全书共分五章，按照"总—分—总"的逻辑，对生态文明制度体系构建与推进生态环境治理体系现代化的作用进行研究。逻辑结构如下：

导论：建立和完善生态文明制度走向生态环境治理体系现代化			
实行最严格的生态环境保护制度	全面建立资源高效利用制度	健全生态保护和修复制度	严明生态环境保护责任制度
1.环境影响评价制度 2.污染物排放总量控制与排污许可证制度 3.危险废物管理与污染责任追究制度	1.自然资源产权制度 2.国土空间规划体系 3.自然资源资产管理制度和监管体制 4.资源总量管理和全面节约制度	1.山水林田湖草的保护与修复 2.建立以国家公园为主体的自然保护地体系 3.生物多样性保护	1.建立生态文明目标考核体系 2.实行生态环境损害责任终身追究制 3.探索编制自然资源资产负债表 4.开展领导干部自然资源资产离任审计 5.健全环境保护管理制度
生态文明法律体系			

目　录

导　论

　　2013 年,党的十八届三中全会指出,全面深化改革的总目标是完善和发展中国特色社会主义制度,推进国家治理体系和治理能力现代化。2014年 2 月,习近平同志在省部级主要领导干部学习贯彻党的十八届三中全会精神全面深化改革专题研讨班上强调,国家治理体系和治理能力是一个国家的制度和制度执行能力的集中体现,两者相辅相成。我们的国家治理体系和治理能力总体上是好的,是有独特优势的,是适应我国国情和发展要求的。同时,我们在国家治理体系和治理能力方面还有许多亟待改进的地方,在提高国家治理能力上需要下更大气力。推进国家治理体系和治理能力现代化,是坚持和发展中国特色社会主义的必然要求,也是实现社会主义现代化的题中应有之义。

　　生态文明制度是中国特色社会主义制度的有机组成部分,坚持和完善生态文明制度体系是推进国家治理体系现代化的重要内容。生态文明制度是一切有利于保障、支持和推动生态文明建设的规定和准则的总和,其表现形式为各种制度、法律、规章和条例等。生态文明制度对保证生态文明建设、推动美丽中国建设具有重要意义。从理论上看,生态文明制度创新问题可以进一步丰富和完善中国特色生态文明建设的理论,以更宽广的视角为国家治理体系现代化提供生态治理方面的理论支撑;从实践上看,生态文明制度的建立和完善是推进绿色发展的重要保障。

2019 年，中国共产党十九届中央委员会第四次全体会议审议通过的《中共中央关于坚持和完善中国特色社会主义制度 推进国家治理体系和治理能力现代化若干重大问题的决定》对生态文明建设和生态环境保护提出了新的更高要求，从实行最严格的生态环境保护制度、全面建立资源高效利用制度、健全生态保护和修复制度、严明生态环境保护责任制度等四个方面，对建立和完善生态文明制度体系，促进人与自然和谐共生做出安排部署，进一步明确了生态文明建设和生态环境保护最需要坚持与落实的制度、最需要建立与完善的制度，为我们加快健全以生态环境治理体系和治理能力现代化为保障的生态文明制度体系，提供了行动指南和根本遵循。

生态文明制度体系是国家治理体系的子系统。2013 年 11 月 12 日，在中共十八届三中全会第二次全体会议上，习近平首次全面界定了"国家治理体系"和"国家治理能力"的基本内涵："国家治理体系和治理能力是一个国家制度和制度执行能力的集中体现。国家治理体系是在党领导下管理国家的制度体系，包括经济、政治、文化、社会、生态文明和党的建设等各领域体制机制、法律法规的安排，也就是一整套紧密相连、相互协调的国家制度；国家治理能力则是运用国家制度管理社会各方面事务的能力，包括改革发展稳定、内政外交国防、治党治国治军等各个方面。"在社会主义制度下实现国家治理体系现代化，落实到生态文明建设上，就是要形成一整套系统完备的生态文明制度体系。从狭义来看，资源环境保护是生态文明建设的主阵地和主战场，管理国土空间开发、资源节约利用、生态环境保护等生态文明建设核心领域的制度；从广义来看，还包括以促进和支撑生态文明融入经济、政治、文化和社会建设各方面和全过程的体制为主要内容的"融入型制度"。

一、新中国 70 年生态文明制度建设的探索

我国生态文明制度建设经历了一个从无到有，并不断趋于完善的过程,取得了重大进展和积极成效。

中华人民共和国成立以来,我国生态文明制度从无到有、从跟跑到领跑,经历了三个阶段。

第一阶段,在艰难期起步(1949—1978 年)。中华人民共和国成立后我国开启了工业化进程,生态文明制度建设也随着工业化带来的污染问题被提上日程。1973 年,我国召开了第一次全国环境保护会议,出台了《关于保护和改善环境的若干规定》,提出了"全面规划,合理布局,综合利用,化害为利,依靠群众,大家动手,保护环境,造福人民"的环境保护工作 32字方针。1978 年,"环境保护"入宪。《中华人民共和国宪法》第十一条第三款规定:"国家保护环境和自然资源,防治污染和其他公害。"

第二阶段,在改革中发展(1978—2012 年)。改革开放以来,我国环境管理基础制度逐步确立。1979 年 9 月,我国第一部环境保护法律——《中华人民共和国环境保护法(试行)》颁布,标志着我国环境保护开始步入依法管理的轨道,其中明确确立了环境影响评价、"三同时"和排污收费等基本法律制度。1989 年,《中华人民共和国环境保护法》正式颁布,为实现环境保护和经济社会协调发展提供了法律保障。1979 年颁布的《中华人民共和国环境保护法(试行)》第二条规定:合理地利用自然环境,防治环境污染和生态破坏,为人民造成清洁适宜的生活和劳动环境,保护人民健康,促进经济发展。1981 年,国务院发布《关于在国民经济调整时期加强环境保护工作的决定》,提出了"谁污染、谁治理"的原则。1982 年,《征收排污费暂行办法》颁布,排污收费制度正式建立。这一时期着力推进"三废"综合治理,环境管理基础制度逐步确立。1983 年召开的第二次全国环境保护会议将环境保护确定为一项基本国策。1989 年 4 月底,第三次全国环境保护会议系统地确定了环境保护三大政策和八项管理制度,即预防为主、防治结合,谁污染谁治理和强化环境管理的三大政策,以及"三同时"制度、环境影响评价制度、排污收费制度、城市环境综合整治定量考核制度、环境目标责任制度、排污申报登记和排污许可证制度、限期治理制度和污染集中控制制度。这些政策和制度,先以国务院政令颁发,后进入各项污染防治的法律法规在全国实施,构成了一个较为完整的"三大政策八项管理制度"体系,有效遏制了环境状况更趋恶化的形势,一些制度直到今天还在发挥作用。

第三阶段,在新时代繁荣(2012年至今)。党的十八大将生态文明建设作为中国特色社会主义事业总体布局的重要组成部分写入党章,强调"把生态文明建设放在突出地位""加强生态文明制度建设"。党的十九大把"绿水青山就是金山银山"写入党章。2018年,全国"两会"通过的宪法修正案又将建设"美丽中国"和生态文明写入宪法。生态文明的主张已经成为国家意志的体现,绿色发展理念更加深入人心。这意味着从国家治理角度和制度层面协调生态文明建设和经济建设的关系,使保护生态环境成为硬约束,实现生态环境与经济协调发展,已成为全党和全国人民的共识。《中共中央关于全面深化改革若干重大问题的决定》将"完善和发展中国特色社会主义制度,推进国家治理体系和治理能力现代化"作为全面深化改革的总目标,将深化生态文明体制改革作为具体目标。通过生态文明体制改革推进生态文明制度建设。增强国家治理体系现代化的动力机制、协调机制、平衡机制,成为应对"资源约束趋紧、环境污染严重、生态系统退化的严峻形势"的必由之路。

当前,我国已经到了加快推进生态文明制度建设的关键期。用最严格制度、最严密法治保护生态环境的严密法治观正是基于对国情的基本判断,坚持问题导向,总揽全局,统筹兼顾,在推进国家治理体系和治理能力现代化进程中逐步形成的,体现了以习近平同志为核心的党中央对生态文明制度建设做出的顶层设计。党的十八届三中全会提出,全面深化改革的总目标是完善和发展中国特色社会主义制度,推进国家治理体系和治理能力现代化。在社会主义制度下实现国家治理体系现代化,落实到生态文明建设上,就是要形成一整套系统完备的生态文明制度体系。党的十八届三中全会还首次提出用制度保护生态环境,明确了生态文明制度建设在国家治理体系和治理能力现代化中的地位和作用。党的十八届三中全会指出,必须建立系统完整的生态文明制度体系,加快生态文明制度建设。党的十八届四中全会提出:"用严格的法律制度保护生态环境。"党的十八届五中全会从坚持绿色发展角度再次重申"实行最严格的水资源管理制度""坚持最严格的节约用地制度""实行最严格的环境保护制度"。2015 年颁布的《生态文明体制改革总体方案》明确提出,要建立"产权清晰、多元参与、激励约束并重、系统完整的生态文明制度体系"。党的十九大报告强调要加强对生态文明建设的总体设计和组织领导,设立国有自然资源资产管理和自然生态监管机构,完善生态环境管理制度,统一行使全民所有自然资源资产所有者职责,统一行使所有国土空间用途管制和生态保护修复职责,统一行使监管城乡各类污染排放和行政执法职责。构建国土空间开发保护制度,完善主体功能区配套政策,建立以国家公园为主体的自然保护地体系。坚决制止和惩处破坏生态环境行为。党的十九届四中全会提出:"要实行最严格的生态环境保护制度,全面建立资源高效利用制度,健全生态保护和修复制度,严明生态环境保护责任制度。"因而,建立系统完备、科学规范、运行有效的制度体系是生态文明建设的重要保障,也是实现国家治理体系现代化的内在要求。

二、党的十八大之前我国生态文明制度建设中存在的主要问题

生态文明制度建设涉及政府、市场和公众多个主体,也包括环境、资源、生态诸多领域,还关系到中央与地方、部门与部门等各个层面。由于生态文明制度体系不完善,体制机制不健全,党的十八大之前我国生态文明制度建设曾经引发了许多突出问题。

(一)政府层面:生态文明建设管理机制不健全

政府在生态文明建设中发挥着领导和示范作用,政府的相关机制不健全,一定会影响生态文明建设的质量和成效。比如我国的自然管理体制就呈现出横向适度分离、纵向相对统一的特点,即土地、森林、水等自然资源分散在不同的管理部门,每个部门对职责范围内的自然资源实行资产管理、用途管制等相统一的管理模式。当时没有统一的自然资源管理部门,资源是按类型分部门管理的,自然资源管理部门同时承担资产管理和用途管制职责,中央与地方实行分级管理。这样的管理体制优势在于可以发挥行业主管部门的专业优势,针对不同资源的特点实行精细化管理,但也存在以下问题。

第一,产权不清,自然资源资产所有者缺位。根据宪法以及相关法律规定,矿藏、水流、森林、山岭、草原、荒地、滩涂等自然资源属于国家即全民所有(法律规定属于集体所有的除外),由国务院代表国家行使所有权,但没有明确由哪个部门代理或托管,自然资源资产在法律上缺乏具体明确的代表主体。自然资源资产所有者职责由相关管理部门代行,所有者职责不清晰,产权虚置或弱化,所有权人权益不落实。国有自然资源名义上是国家所有,即全民所有,但实际上多是地方政府在行使其辖域内的国有自然资源所有权,从而演变为事实上的分级所有制,即各地区所有。而从现行法律来看,中央与地方之间的产权制度是缺失的。地方没有产权,反而拥有各项所有权权能,导致国家所有权虚置。地方在没有土地产权的情况下,却获取了土地出让收益。许多地方在资源管理中出现"九龙治水、层层失守",一个很重要的原因就在于对资源的管理存在多个部门职责交叉。在实行分类管理的同时,对于同一自然资源又按照不同的管理环节或者功能用途,归口不同的部门管理,造成职责交叉。

第二,自然资源管理的系统性不强。山水林田湖草是一个生命共同体,具有整体性、系统性等特点。原有的管理体制将水流、森林、草原等自然资源分别划归不同的部门管理,人为地割裂了自然资源之间的有机联系,协调机制不够健全。由于以前自然资源分部门管理,对林地、草地等资源的定义和界定标准不同,部分自然资源底数不清,甚至交叉统计。例如,新疆的林地和草原交错分布,林下有草、草中有林,"一地两证"现象极为突出,如吐鲁番市80%的天然灌木林具有草原证,阿勒泰地区颁发的草原证和临时放牧证的面积涵盖了林区的全部林地面积。

第三,许多地方重开发轻保护。领导干部政绩考核机制不健全,片面强调GDP的增长,环境等指标权重过低。由于我国自然资源实行中央与地方分级管理,在实际工作中,绝大部分自然资源由地方进行管理,个别自然资源的实际控制人片面追求自然资源的经济价值,忽视其生态价值和社会价值,造成自然资源的过度开发和生态环境的破坏。此外,由于自然资源管理部门兼具资产管理、行业管理、监督管理等多重职能,在自然资源开发与保护工作中,既是"运动员"又是"裁判员",当管理目标出现冲突时,容易出现监管失灵及重开发轻保护的问题。为了当地经济利益,各地不惜代价竞相开发,造成了公地悲剧。这种制度缺失叠加到传统工业化模式之上,对生态环境的破坏就会产生"乘数效应"。

第四,多个部门职责交叉。在实行分类管理的同时,对于同一自然资源又按照不同的管理环节或者功能用途,归口不同的部门管理,造成职责交叉。例如,农业、水利、林业、环保等部门从各自角度对同一自然资源分别进行监测,监测点位重合,既重复建设、资源浪费,又数出多门、无所适从。此外,实际工作中,多个部门分别拟订城乡规划、区域规划、主体功能区规划和土地规划等,而这些规划之间衔接不够,使得一些规划难以真正落地。

长期以来,生态环境管理体制权责不一,令出多门,导致"九龙治水,层层失守"。生态文明建设管理职能和监管分散,没有建立统一的生态文明建设评估管理办法。其实"九龙治水"本身不是问题,而是缺乏工作协同和政策协调,才造成了资源的内耗、制度成本的上升和治理效果不尽如人意。

(二)市场层面:自然资源资产产权制度不明晰

关于自然资源资产产权的问题主要有以下表现:第一,排污权、碳排放权交易制度不成熟;第二,在自然资源资产的管理上存在突出问题;第三,未建立有效的税收体制;第四,生态补偿机制不完善;第五,尚未形成生态环境保护的价格体系。这些问题的存在制约着市场在资源配置中作用的发挥。产权主体规定不明确、收益分配机制不合理等原因,导致自然资源资产所有者主体不到位,所有者权益难落实。

例如,从集体所有自然资源资产看,虽然法律规定农村土地集体所有,《民法总则》也明确了农村集体经济组织和村民委员会的特别法人地位,但并未明确这个集体究竟由谁代表,造成农村土地所有权的事实缺位,容易在集体所有自然资源资产所有权行使过程中产生价值被低估、代表行使主体存疑、收益分配不合理等问题。

(三)公众层面:生态文明建设监督和参与机制不完善

公众参与制度的实操性、程序性还偏弱,配套性还不足,公众参与机制尚未建立。因此在实践中公众参与程度不高,民间环保组织发育不足,参与领域很窄,容易产生邻避效应。此外,环境执法监管制度不完善,环境行政执法难以做出必要的、及时的回应。这些因素都影响了生态文明制度的有效落地。公众制度化参与渠道的知晓度、通畅性、可达性、便捷性还偏弱,制度化参与和非制度化参与并存。

三、党的十八大以来生态文明制度的建立与完善

党的十八大以来,我国大力推进生态文明制度建设,相继出台了《大气污染防治行动计划》《关于加快推进生态文明建设的意见》《生态文明体制改革总体方案》《水污染防治行动计划》《开展领导干部自然资源资产离任

审计试点方案》《全国生态保护"十三五"规划纲要》《"十三五"生态环境保护规划》《关于全面推行河长制的意见》等一系列生态环保制度,形成系统完备、科学规范、运行有效的制度体系,各方面的制度更加成熟更加定型。

党的十八大报告提出"生态文明制度建设"的概念,明确提出生态文明制度建设的主要任务:"要把资源消耗、环境损害、生态效益纳入经济社会发展评价体系,建立体现生态文明要求的目标体系、考核办法、奖惩机制。建立国土空间开发保护制度,完善最严格的耕地保护制度、水资源管理制度、环境保护制度。深化资源性产品价格和税费改革,建立反映市场供求和资源稀缺程度、体现生态价值和代际补偿的资源有偿使用制度和生态补偿制度。"

党的十八届三中全会强调要注重改革的系统性、整体性、协同性,提出紧紧围绕建设美丽中国深化生态文明体制改革,加快建立生态文明制度,健全国土空间开发、资源节约利用、生态环境保护的体制机制,推动形成人与自然和谐发展现代化建设新格局。要健全自然资源资产产权制度和用途管制制度,划定生态保护红线,实行资源有偿使用制度和生态补偿制度,改革生态环境保护管理体制。"源头严防、过程严管、后果严惩"成为建立和完善生态文明制度体系的原则。

党的十八届四中全会强调用法治保护生态环境。提出用严格的法律制度保护生态环境,加快建立有效约束开发行为和促进绿色发展、循环发展、低碳发展的生态文明法律制度,强化生产者环境保护的法律责任,大幅度提高违法成本。

2015年,生态文明制度出台频度之密集前所未有。4月,中共中央、国务院印发《关于加快推进生态文明建设的意见》。该意见以近三分之一的篇幅阐述了生态文明制度建设问题,把健全生态文明制度体系作为重点,凸显建立长效机制在推进生态文明建设中的基础地位。7月,习近平同志主持召开的中央全面深化改革领导小组第十四次会议审议通过了《环境保护督察方案(试行)《生态环境监测网络建设方案》《关于开展领导干部自然资源资产离任审计的试点方案》《党政领导干部生态环境损害责任追究办法(试行)》,提出生态文明体制改革总体目标。9月,《生态文明体制改革总体方案》正式印发,提出到2020年构建起八项重要制度:第一,健全自然资源资产产权制度,着力解决自然资源所有者不到位、所有权边界模糊等问题;第二,建立国土空间开发保护制度,解决因无序、过度、分散开发导致的优质耕地和生态空间占用过多、生态破坏、环境污染等问题;第三,建立空间规划体系,解决空间性规划重叠冲突、部门职责交叉重复、地方规划朝令夕改等问题;第四,完善资源总量管理和全面节约制度,解决资源使用浪费严重、利用效率不高等问题;第五,健全资源有偿使用和生态补偿制度,解决自然资源及其产品价格偏低、生产开发成本低于社会成本、保护生态得不到合理回报等问题;第六,建立健全环境治理体系,重点完善污染物排放许可制、污染防治区域联动机制、农村环境治理体制机制和环境信息公开制度,解决污染防治能力弱、监管职能交叉、权责不一致、违法成本过低等问题;第七,健全环境治理和生态保护市场体系,建立绿色金融体系,解决市场主体和市场体系发育滞后、社会参与度不高等问题;第八,完善生态文明绩效评价考核和责任追究制度,重点是建立生态文明目标体系和生态环境损害责任终身追究制度,解决发展绩效评价不全面、责任落实不到位、损害责任追究缺失等问题。

党的十八届五中全会强调加大环境治理力度,以提高环境质量为核心,实行最严格的环境保护制度,深入实施大气、水、土壤污染防治行动计划,实行省以下环保机构监测监察执法垂直管理制度。

党的十九大以来,中共中央、国务院发布了《关于统筹推进自然资源资产产权制度改革的指导意见》《中共中央 国务院关于建立国土空间规划体系并监督实施的若干意见》等文件,生态文明制度体系日臻完善。

四、大力推进生态文明制度建设的路径探讨

党的十九大报告明确指出,建设美丽中国必须加快生态文明体制机制改革,强调要用制度保障生态文明建设。从改善生态环境到实现生态文明,是一个由表及里、由浅入深的过程,是一个从少数人主动作为到全社会达成共识、自觉参与的过程。在这一过程中,需要有引导、有规范、有激励、有约束,以防出现认识失准和行动失误。必须按照"源头严防、过程严管、后果严惩"的思路,构建产权清晰、多元参与、激励约束并重、系统完整的生态文明制度体系,建立有效约束开发行为和促进绿色发展、循环发展、低碳发展的生态文明法律体系,发挥制度和法制的引导、规制功能,让制度成为刚性的约束和不可触碰的高压线。

针对我国自然资源管理中长期存在的问题,党的十九大报告指出,要设立国有自然资源资产管理和自然生态监管机构,完善生态环境管理制度,统一行使全民所有自然资源资产所有者职责。这为完善我国国有自然资源的产权制度指明了方向。在 2018 年 3 月通过的国务院机构改革方案中,与生态文明建设密切相关的自然资源部和生态环境部的组建受到广泛关注,这一改革为构建建设生态文明的联动和长效工作机制奠定了良好基础。党的十九届四中全会指出,坚持节约资源和保护环境的基本国策,坚持节约优先、保护优先、自然恢复为主的方针,坚定走生产发展、生活富裕、生态良好的文明发展道路,建设美丽中国。要实行最严格的生态环境保护制度,全面建立资源高效利用制度,健全生态保护和修复制度,严明生态环境保护责任制度。

(一)实行最严格的生态环境保护制度

生态环境问题归根到底是经济发展方式问题,经济发展方式转变的关键在于将环境规制和管理融入和促进经济发展方式的转变,贯穿于从经济建设项目的论证、可行性报告分析,到项目立项、开工建设、竣工投产、生产

运营和项目结束的全周期。如在环境影响评价领域以"放管服"改革为起点,以污染排放总量控制和排污许可证制度的深入推进为抓手,行政、经济手段并举,以危险废物管理和污染责任追究为保障的覆盖建设项目全周期的生态环境保护制度创新,实现了从环境管理到环境治理,从注重环境管制到关注环境服务的转变,开创了我国环境治理体系和治理能力现代化的新局面。

(二)全面建立资源高效利用制度

全面建立资源高效利用制度的根本目的在于改善资源约束趋紧的局面,以资源的可持续利用支撑经济社会的可持续发展。2018 年的国家机构改革确立了统一行使全民所有与自然资源资产所有者职责及所有国土空间用途管制和生态保护修复职责,实现对山水林田湖草等自然要素及生态系统的用途管制和综合治理,为明晰资源产权权益、统筹国土空间开发和保护提供了体制保障。下一步应从自然资源资产的产权制度、国土空间规划体系、自然资源资产管理和监管体制、资源总量管理和全面节约利用制度等方面完善自然资源管理制度体系,明确自然资源管理中的理论创新、实践创新、现实成效和改进方向,破解资源约束,提高资源保护和利用水平。

(三)健全生态保护和修复制度

健全生态保护与修复制度,其核心在于通过有效的保护、治理与修复措施促使我国生态系统尽快恢复自我运行。应进一步加强山水林田湖草是生命共同体的认识,从全局角度寻求新的治理之道,坚持用系统思维统筹生态环境问题的治理与修复,实现"多规合一",以筑牢生态安全屏障。从山水林田湖草的保护与修复的角度,建立以国家公园为主体的自然保护地体系,完善生物多样性保护制度。

(四)严明生态环境保护责任制度

我国在生态环境保护责任制度方面已经进行了一系列改革创新探索,

接下来应进一步完善生态文明目标考核制度,实行生态环境损害责任终身追究制度,完善自然资源资产负债表的编制与运用,开展领导干部自然资源资产离任审计,健全环境保护管理制度。生态文明目标考核体系创新旨在建立体现生态文明的目标体系、考核办法、奖惩机制,有利于促进党政领导干部树立绿色的政绩观和发展观;实行生态环境损害责任终身追究制则能使领导干部树立权责一致的意识,规范领导干部环境决策行为,最终推动环境决策科学化和法治化;开展领导干部自然资源资产离任审计可促进自然资源节能集约利用和生态环境安全,是完善我国自然资源和生态环境监管体制的保障;探索编制自然资源资产负债表可为生态环境损害责任终身追究制和领导干部自然资源资产离任审计的实行提供技术支撑,也可为生态文明目标考核体系提供依据;健全环境保护管理制度则是为了适应人民群众日益增长的生态环境需求和爆发式增长的环境监管执法任务而出台,是各项生态环境保护责任制度的坚实保障。

(五)完善生态文明建设的法治保障

生态文明制度的建设与创新离不开完善的生态文明法治保障。科学立法、严格执法、公正司法是我国法治保障制度建设取得辉煌成就的保障。在生态法治化的道路上,亟须实现科学立法,不断健全生态文明法律保障制度。同时,应不断强化生态文明严格执法,持续落实生态文明公正司法。我国未来生态文明立法需要建立健全生态文明立法的体制机制,促进我国相关法律的生态化,更加完善生态文明法律保障制度;生态文明执法要不断完善生态文明严格执法的体制机制,继续创新生态文明执法方式和执法手段,持续提升生态文明执法能力和执法水平;生态文明司法要不断提升司法专门化和专业化水平,继续支持和完善环境公益诉讼制度建设,持续发挥司法在生态文明建设中的积极促进作用。

第一章　实行最严格的生态环境保护制度

　　改革开放以来,伴随着中国工业化的迅猛推进,环境污染日益严重。习近平同志指出,生态环境问题归根到底是经济发展方式问题。要坚持源头严防、过程严管、后果严惩,治标治本多管齐下,朝着蓝天净水的目标不断前进。经济发展方式转变的目标与遵循是建立资源节约型和环境友好型的经济发展方式,将环境规制和管理融入和促进经济发展方式的转变,贯穿于从经济建设项目的论证、可行性报告分析,到项目立项、开工建设、竣工投产、生产运营和项目结束的全周期。我国对建设项目的环境管理始于 1973 年第一次全国环境保护工作会议上确立的"三同时"制度,即"防治污染及其他公害的设施必须与主体工程同时设计、同时施工、同时投产",并在 1979 年制定的《中华人民共和国环境保护法(试行)》以及 1989 年制定的《中华人民共和国环境保护法》中予以确认。《中华人民共和国环境保护法(试行)》同时还确认了环境影响评价制度,并在《中华人民共和国环境保护法》中进一步规范。2002 年,我国制定《中华人民共和国环境影响评价法》,形成了具有中国特色的"预防为主、防治结合"的建设项目全周期环境系统管理体系。在我国建设项目环境管理供给侧改革过程中,出现了覆盖建设项目全周期服务的"环保管家"、环境保护线上服务平台等制度创新,实现了从环境管理到环境治理,从注重环境管制到关注环境服务的转变,开创了我国环境治理体系和治理能力现代化的新局面。

第一节　环境影响评价制度

环境影响评价是对人类的生产和生活行为,包括项目建设和开发活动,可能对生态环境造成的影响,在环境质量检测和调查的基础上,运用模式计算和类比分析等技术手段对相关环境影响的程度进行分析、预测和评估,提出预防、减缓和抵消负面环境影响措施的技术方法。环境影响评价制度是法律确立的规定环境影响评价的范围、内容和申报程序的具有强制约束力的环境管理制度。美国 1970 年开始实施的《国家环境政策法》是国家层面环境影响评价制度建立的开端,瑞典、新西兰、加拿大、澳大利亚、马来西亚、德国等国家相继建立和实施这一制度。经过近半个世纪的发展,已经有 100 多个国家和地区建立了这一制度,环境影响评价制度的范围和内容不断扩大:从自然环境影响扩大到社会环境影响,从大气、水和土壤污染扩大到生态环境的范畴,从最初单纯的工程项目的环境影响发展到区域开发的环境影响和战略环境影响的评价,相继开展了风险评估、关注累积性影响的环境影响后评估等内容。环境影响评价制度已经成为国际通行的环境保护基础制度之一。

1979 年我国颁布的《中华人民共和国环境保护法(试行)》首次确定了环境影响评价制度在我国的法律地位,1989 年《中华人民共和国环境保护法》重申了环境影响评价制度的法律地位。2002 年 10 月我国颁布了《中华人民共和国环境影响评价法》,并于 2003 年 9 月开始实施,2018 年对《环境影响评价法》进行了修订。要实现源头严防,环境影响评价制度必须率先进行突破。国家引进建立建设项目环境影响评价制度,目的在于推动实现我国从环境管理到环境治理的转变,促进环境影响评价从管制经济发展到服务经济发展的转变。但是,要发挥这样的作用,实现这样的目标,目前的建设项目环境影响评价制度还存在很大的差距。在一些地方,本应该为资源节约型和环境友好型社会建设起到积极作用的建设项目环境影响评价,却成了一些公共事件的导火索,在实施过程中屡屡暴露出很多问题,对这些问题的思考和解决恰恰是环境影响评价制度改革发展的目标。

案例1 广州第四垃圾焚烧发电厂项目环评引发公共事件。2009年2月,广州市政府同意了由广日集团出资在番禺区大石街道会江村与钟村镇谢村交界处兴建生活垃圾焚烧发电厂项目。但是,大石街道的很多居民对项目没有认真进行公众参与的程序并做出环评报告的做法提出质疑,写信向有关部门表达对该项目选址可能影响附近居民健康的关切。番禺大石数百名业主发起签名反对,并在网络上通过论坛等形式表达不满。项目建设方广日集团和其委托提交环评报告的华南环境科学研究院的项目释疑受到公众诟病。对此,番禺区政府做出"环评不通过不动工,绝大多数群众反映强烈不动工"的承诺,并在12月份终止了在会江村的项目选址建设方案。随后,在新的项目环评工作中,广州市提出了大石街道会江、沙湾镇西坑尾、东涌镇三沙、榄核镇八沙、大岗镇装备基地(新联二村)五处建设垃圾焚烧发电厂的备选地址,交由公众充分讨论,在积极接纳和吸收市民的意见和建议的同时,还邀请众多人大代表和政协委员以及环境治理专家进行论证。综合各方意见择优选址确定在南沙区大岗镇新联二村。整个事件过程一波三折,其中建设项目环境影响评价制度开展过程中蕴含的环境治理源头预防阶段供给侧改革的启示值得总结和思考。

案例表明,环境影响评价的公开性与公正性十分重要。企业作为潜在环境污染的排放者,有着追求自身经济利益和利润的本性。因此,在环境影响评价的公众参与环节往往片面追求效率,期望尽早完成这一法律规定的程序,得到政府的批准建设文件。而作为可能受到建设项目影响的普通居民,关注的是价值目标,即建设项目应该是绿色、环保、可持续的,不能带来危害人民群众健康的污染,可能带来污染的企业在选址时必须考虑保持在人群的防护安全距离以外。政府部门行使的应该是环境影响评价公众参与的主导权而不是主办权,案例中委托广东省省情调查研究中心来开展实施公众参与的做法值得借鉴和推广,即政府通过进行一定形式的授权,建立由公正、中立的第三方组织来开展公众参与环境影响评价的模式。

企业在环境治理中的信息披露至关重要。企业作为环境治理的第一责任人,不仅应该履行其社会义务,满足环境治理强制性规定和要求,还应该顺应社会准则,对社会反映做出积极的回应,并最终对自己行为的结果负道德责任,履行对社会的义务。目前我国企业社会责任报告(CSR)是企业自愿披露行为,并不是强制公布。在当前我国的政治和社会文化背景下,非强制性的企业社会责任报告公开情况一直都不乐观。很多企业将编制社会责任报告视为一种负担,其中不乏一些企业担心过多的环境污染信息的披露会损害企业的盈利与声誉而拒绝发布。不仅如此,即便是公布社会责任报告的企业,很多对企业污染排放情况的说明与披露信息的真实性也饱受社会公众质疑。西方国家企业定期公布社会责任报告的做法值得借鉴。通过强制性规定企业定期公布社会责任报告,并由专业的部门对其中的信息披露进行监督和审核可以作为环境治理公众参与的一个政策选项。

公众参与的基础在于平等。环境治理的核心和难点在于,政府、企业、居民个人等参与的身份和角度不同,必然会有各自的利益诉求,共治的前提是要有共识,达成共识的最基本的技术途径就是建立平等对话机制。如果环境治理的正式渠道不畅,会导致主体诉诸非正式渠道的情况,比如公众游行示威。为此,需要构建环境社会共治协商平台,实现资源共享,扩大利益交集,实现多元主体共治。

与此同时,我国的国情决定了在新发展阶段经济发展的任务很重,不能片面地为了环评、为了形式上的公众参与而停止工程项目的建设,错失发展机遇,而是应该发展与环保兼顾,通过制度实施机制的创新达到制度安排的目的。环境影响评价制度作为我国源头治理的重要制度安排,实践中在保护环境和促进发展两方面的平衡中不断地深化和完善。相关的制度创新和变革主要表现如下。

一、以提高环境影响评价文件质量为核心的实务管理创新

取消环境影响评价资质管理,放开、净化和规范环境影响评价编制市场,切实激发市场活力。以"环保管家"体制探索、建设项目环境信息公开平台以及环境保护网上技术平台等机制探索的供给侧改革和制度创新将环境影响评价制度改革完善推上一个新的高度。

在简政放权和提高效率的同时,切实保证环境影响评价文件的质量是制度改革的重中之重,通过全方位的抽查、监管、督导以及文件审核和技术校核等工作的开展,加大惩治力度,为环境影响评价文件质量的保证提供刚性约束。环境影响评价制度改革最大的亮点就是审批管理权限的下放,一系列审批工作被调整为备案工作,大幅度减少了审批项目数量,实现了工作环节的精简,减少了多余的工作量。深化环境影响评价制度"放管服"改革的亮点在于审批效率的提高,改革之后的审批工作实现环境影响评价文件的受理、转办、评估、审查等环节同步进行,审批时间大大缩短。一些环境影响评价机构在发展中实现了功能的延伸和服务的集成,出现了新的组织形式。

2016年,环境保护部《关于积极发挥环境保护作用促进供给侧结构性改革的指导意见》第一次引入"环保管家"的概念,其目的在于为工业园区提供一体化的环境服务体系,推进环境服务主体多元化发展。环保管家理念可以看作是第三方环境治理模式的创新升级,服务内容多达12项,涵盖了包括环境影响评价服务在内的环境咨询、环境治理、循环利用、绿色金融等内容。与传统的环境影响评价相比较,环保管家致力于打造全方位的服

务模式,服务既面向企业,也面向政府,不仅能够判断评价项目的环保可行性,而且能够帮助企业找到达到环保可行的发展策略,满足经济与环境的平衡发展要求,从根本上解决了大部分企业把环评当作项目落地的准入证,审批一过束之高阁,环评内容与工程项目实际脱节,环评过程中公众参与"造假"等痼疾。环境保护线上、线下的服务平台等工作机制使得企业环保制度更加规范,污染防治设施运行维护更加充分合理,环境风险应对更加及时,为企业发展解除了环境保护方面的后顾之忧。

总体来说,环保管家可以为建设项目提供环评、治理和咨询一条龙服务,帮企业解决环保方面问题,是应我国日益严峻的生态环境问题和可持续发展的双重需要而产生的环境影响评价制度的升级版,是基于经济发展和环境保护之间密不可分的联系所进行的制度创新。其最突出的特点在于专业性、综合性和灵活性。

从强制性制度来看,《环境影响评价法》和《建设项目环境保护管理条例》已经多次修订;《排污许可管理条例》也已提请国务院审议;《排污许可管理办法(试行)》《建设项目环境影响报告书(表)编制监督管理办法》等部门规章陆续发布;"三线一单"(生态保护红线、环境质量底线、资源利用上线和生态环境准入清单)已在 10 个省份进入地方立法。从规范性制度来看,取消了环评机构资质行政许可等审批权,同步建立信用管理的新机制,通过加强环境影响报告书(表)的复核、从业单位和人员的信息公开等措施,实现了"放管服"结合,震慑了环评违法违规行为,有力维护了制度的效力。

二、开展项目环境影响评价的"放管服"改革

源头严控的制度创新从战略规划环评的推进来说,首先要以《规划环境影响评价技术导则 总纲》《关于开展规划环境影响评价会商的指导意见(试行)》等战略环境影响评价制度文件的出台为契机,为战略规划环评真

正发挥环境污染源头预防提供制度保障,以严格的规划引领产业结构和布局调整。规划是发展的指南、蓝图、原则和规范,是各类开发保护建设活动的基本依据,对产业定位、布局、规模以及环境容量和环境准入条件提出管理要求,促进产业结构、能源结构、运输结构、用地结构不断优化,实现集约发展。科学严格的环保措施不会影响经济发展,而是转型期推动高质量发展的重要着力点。转方式、调结构需要突破的思想障碍,不能把企业治理污染的经济技术可行性当成决策的前提,要充分认识到维护公众健康和生态安全的必要性、经济社会发展的必然规律和环境保护对于污染行业的优化倒逼作用。

其次,战略环境影响评价制度是高质量发展和高水平保护的基础和保障,需要对涉及区域内各部门职能和组织边界进行"重划",探寻合理的权责配置,以管理和责任清单的方式明确生态环境保护的主体、程序制度、运行以及监督制约机制。具体来说,可以通过联席会议、现场会议,通报任务进展,研究解决问题。着重解决环评审批、验收与执法、危险废物管理等工作未能形成闭环,事中事后监管缺乏有效衔接的问题。

为此,生态环境部同意北京和上海进行环境影响评价的进一步改革试点。2019年4月30日,上海市人民政府颁布《本市环境影响评价制度改革实施意见》(沪府规〔2019〕24号),目的在于深化"放管服",简政放权、放管结合、优化服务,强化"企业主体责任",优化"企业主体责任",明晰"责任边界":市场的资源配置与企业的主体责任,政府的区域规划与宏观引导,行政主管机构的标准规范与游戏规则的制定等责任各司其职。

战略环评与规划环评划框子、定规则,在源头减少污染物排放,对区域环境资源优化配置、改善环境质量发挥了重要作用。长江、黄河、珠江20余条支流的流域综合规划环评,多段干流和40多条支流纳入栖息地保护,为大江大河生态保护和系统治理奠定了基础。规划环境影响评价的问题主要是落地难,它已成为环境影响评价制度发挥源头预防作用的"拦路虎"。规划环境影响评价的制度设计和执行如果不能实现突破,我国区域和流域范围内的环境恶化趋势将很难得到遏制。当前我国亟待开展的战略规划环境影响评价的区域包括长江流域、京津冀、珠三角等地区的战略环境影响评价。需要在遵循国家生态保护总体布局,按照行业总量规模控制、环境容量准入控制的前提下,探索区域内空间优化开发和经济绿色转型,推动经济、社会和资源环境协调发展。

三、系统开展环境影响评价制度改革,强化事中事后监管

对于环境影响评价工作来讲,"监管难"问题一直都是整个工作正常开展和推进的掣肘之处。2018 年初,环境保护部发布《关于强化建设项目环境影响评价事中事后监管的实施意见》,针对环境影响评价工作中存在的责任不明、监管不力、查处不严、落实不到位等问题提出了具体的解决办法:一是将一系列的审批、管理、验收、许可等内容列为事中事后监管项目,从而大幅度减少和避免监督管理不到位的情况发生。二是界定了"双随机"抽查事项,包括规划环境影响评价的审查、建设项目环境影响报告书的审批、项目环境保护设施投产的验收、环境影响的事后评价以及"三同时"的落实等。三是生态环保相关部门的责任落实,将环境影响评价工作整体列入相关部门的监管机制中,突出全面性和覆盖性,在环评工作开展上大力推进技术支持创新,比如在环境影响评价文件和抽查验收工作中融入大数据平台和智能分析等科技要素,搭建环境影响评价部门网络监管平台,依靠人工智能、"互联网＋"等技术支持,强化优化监管效果。

环评与排污许可制度在促进经济结构优化升级、推动产业优化布局等方面,有着不可替代的作用,是实现高质量发展的助推器。持续深化环评"放管服"改革要坚持三个导向:一是放出活力。修订完善《建设项目环境影响评价分类管理名录》,进一步减少审批数量,大幅压缩备案的项目数量,增强中小微企业和民营企业的改革获得感。二是管出公平。坚决查处

一批环评文件粗制滥造、到处胡乱承揽业务、不守信用的环评编制单位。各地要加强管理,实施信用记分。坚决惩处一批违反《环境影响评价法》规定,规划"未评先批"、项目"未批先建"、擅自变动、不落实批复要求的违法行为。三是服务出效果。各级生态环境部门要更加重视服务,提前介入指导,宣传管理要求,普及技术知识,引导和帮助企业自觉自愿落实环评制度。

第二节 污染物排放总量控制与排污许可证制度

污染物排放总量控制制度与排污许可、污染防治和检测验收等制度一起被称为承上("三同时"制度、环境影响评价制度等)启下(生态环境损害责任终身追究制、生态环境损害赔偿制度等)的防治污染的重要制度。

总量控制的对象是排污企业而不是生产企业,目的是稳定或者减少排污企业每年的排污总量。生产企业可以依据自己的排污总量在一定程度上选择排污方式。污染总量分配到企业的过程就是排污许可,相对应的制度安排就是排污许可证制度,是指单位和个人,凡是需要向环境排放各种污染物的,都必须事先向生态环境主管部门办理申领排污许可证,经批准获得排污许可证后才能向环境排放污染物的制度。

排污许可证制度是以污染物总量控制制度为基础的。国家把污染物排放总量控制指标分解到各省、自治区、直辖市,然后再层层分解,最终分解到各排污单位。其管理的基本程序是:排污申报登记;排污审核、核发排污许可证;证后监督管理;年度复审。由此产生的结果就是排污指标成了被企业占有的资源,其弊端就是政府失去了用经济手段来调整污染项目市场准入的功能。由于企业占用现有排污指标,市场配置环境资源的功能很难发挥出来。重点行业排污许可证核发有力助推打好污染防治攻坚战。

2019年10月提前完成全国的城镇污水处理厂发证,共计核发排污许可证9652张,推动了长江保护修复、渤海综合治理和城市黑臭水体治理。推进生活垃圾焚烧、家具制造工业等行业排污许可证核发,明确污染防治措施和环境管理要求,强化排放口精细化管理,提升了排污单位环境治理水平。

与此同时,环境影响评价制度"放管服"改革日益深入,项目环评审批权限下放、内容简化等简政放权工作有序推进,战略、规划环评地位增强,源头调控作用凸显,环评管理逐渐回归从源头预防环境污染的本位,工作重心逐渐前移,事中事后监管成为环评管理的重难点。而排污许可作为继环评"准生证"之后的"身份证",是针对具体项目及企业实行环评事中事后监管的有效手段,因此,迫切需要加强环境污染从预防到监管的全流程环境管理。加快将控制污染物排放许可制建设成为固定污染源环境管理的核心制度,完善相关制度间的整合衔接或将成为未来一段时间内环境管理领域的工作重点。

排污权交易制度成为环保制度的一个创新。排污权交易指的是生态环境部门依据制定的排污总量的控制指标向排污单位发放排污许可证,以此明确排污者的排污权利。排污者的排污权可以凭借排污许可证的数量规定在市场上进行交易,实现资源优化配置。排污权交易的实质是排污单位经过治理或者产业(包括产品)调整,其实际排放低于所核准的允许排放污染物总量部分,经主管部门批准,可以进行有偿转让。

基于总量控制、排污许可的排污权有偿使用与交易是一种有效的经济调节制度,同样需要加强排污权交易的监督管理能力建设。一是初始排污权指标的核准、分配以及有偿使用。初始排污权指标是现有排污单位按照排污许可证规定,通过生态环境行政主管部门的核定和分配而取得的主要污染物排放总量指标。排污单位核定和分配的初始排污权指标要进行公示,公示期间有异议的,应当进行复核。取得排污权交易的排污单位,可以按规定对排污许可证登载的初始排污权指标进行有偿使用和交易。二是排污权指标的交易,包括排污权指标出让、申购和受让。一般采取市场交易、公开拍卖或挂牌以及直接出让的方式。除法律、法规和规章另有规定外,排污权的交易必须通过排污权交易平台进行。三是排污权交易的监督和管理。生态环境、财政、价格等行政主管部门要监督和检查排污权有偿使用和交易行为,对于排污权交易出现争议的,生态环境行政主管部门可以进行调解,交易双方也可以向仲裁机构申请仲裁或者向人民法院提起诉讼。

> **案例2** 江苏太仓港环保发电有限公司与江苏南京下关发电厂二氧化硫排污权交易。2003年,江苏太仓港环保发电有限公司需要扩建发电供热机组,按照生产情况每年需要增加2000吨二氧化硫排放量。通过环保设施的脱硫装置设计,可以降低300吨的二氧化硫的排放,但是仍然有1700吨的二氧化硫排放总量缺口没有解决。按照江苏省二氧化硫排放总量控制方案,在没有新增指标的情况下,太仓港发电公司因为扩建而造成的二氧化硫排放许可指标的缺口在南京下关发电厂得到了解决。南京下关发电厂通过引进先进技术使得自身二氧化硫年排放量比环保主管部门核定的指标减少了3000吨。这样,一个因为扩建将造成排污量突破按照总量管理分配的排污许可指标的上限,一个因为脱硫技术进步实现了排污量指标剩余,经江苏省环保厅牵线,两家企业通过协商达成了二氧化硫排污权的交易:从2003年7月到2005年7月,太仓港环保发电有限公司每年从南京下关发电厂购买1700吨的二氧化硫排污权指标,每吨1000元,并在商定之后根据市场行情计算2006年之后的排污权指标价格。

排污权交易制度作为一项具有鲜明时代特色的环境管理手段引入我国后,从实践情况来看,起到了节省治理费用、保护环境质量的效果。但在实践中也出现了不少问题,规模和效益都不是很理想。排污权交易面临着政府干预边界不清晰、二级市场活力不足、企业参与积极性低等问题。排污权交易作为市场行为,企业的自主性却不足,交易多由政府部门安排主导,缺少应有的市场元素,政府部门在这一环节的管理方式和监督方式都有待加强。

第三节　危险废物管理与污染责任追究制度

危险废物对环境和人体健康存在潜在有害影响,是废物管理工作的重点。同时,由于危险废物的性质多种多样,控制方式各有不同,而且可以通过影响空气、水源和土壤等方式,从各种渠道严重危害人体健康与环境。因此,危险废物的管理成为一个全球性的难题。

危险废物污染危害大,是废物污染防治工作的重点和难点。近年来我国危险废物污染防治在社会职责分工、法规标准政策、利用处置能力和社会监督机制等方面打下了良好基础,但也面对着危险废物产生量巨大、利用处置能力结构失衡、处理利用水平不高、监管能力薄弱等问题。从外部条件看,新时代发展理念的转变、生态文明建设的加强、区域协同发展战略的实施以及新技术革命的到来都为做好污染防治工作提供了有利条件,但是危险废物污染防治工作始终需要注意违法行为和邻避效应等可能造成的环境和社会风险。危险废物是工业化的伴生产物,处置监管不善会对生态环境安全造成重大威胁。当前,我国还处于工业化和城镇化发展的上升期,危险废物种类和数量都呈现出不断增长的趋势,危险废物环境事件也进入了高发期。新形势下,如何坚持问题导向,突破危险废物污染防治瓶颈,全面提升危险废物污染防治水平,成为我们亟待解决的重要命题。

我国固体废物每年的产生量大、历史积存量多,固废总底数不清、固体废物非法转移、倾倒屡禁不止，固体废物的污染风险隐患加剧。2013年，最高人民法院和最高人民检察院出台《关于办理环境污染刑事案件适用法律若干问题的解释》，明确了危险废物非法处置的入刑标准，使危险废物监管工作的"法律牙齿"更加锋利。全国各地在此基础上办理了一系列危险废物非法排放刑事案件，进一步强化了企业的危险废物防治主体责任。1995年制定实施的《中华人民共和国固体废物污染环境防治法》（简称《固废法》）历经2004年、2013年、2015年和2016年4次修订（正），在促进经济社会可持续发展方面发挥了极大的作用。2019年6月，国务院常务会议审议通过《中华人民共和国固体废物污染环境防治法（修订草案）》，并提请十三届全国人大常委会第十一次会议进行初次审议。考虑到不同法律的定位，《固废法》修订突出无害化主线并以全过程无害化为核心目标具有合理性。无害化的内涵包括无害于生态环境和无害于人体健康，同时无害化的要求应贯穿固废产生、收集、贮存、运输、资源化利用和最终处置等各个环节。危险废物名录、危险废物转移管理、危险废物经营单位管理等有关法规标准也都在进行修订，危险废物污染防治的法治基础正在日趋完善。

一、建立危险废物名录

名录管理是危险废物管理的基础。废物在其产生、收集、贮存、转移以及最终的再利用和处置过程中，都需要依靠危险废物名录对其所具有的有毒有害特性进行识别和鉴定，从而确定废物所适用的管理制度。危险废物名录制定的科学合理与否，决定了危险废物其他管理制度的适用范围和效力。1998年我国颁布第一版《国家危险废物名录》，总共列出了47个类别的危险废物，后于2008年、2016年两次调整并重新公布。在此之前，1996年发布的《危险废物鉴别标准》规定了统一的危险废物鉴别标准、鉴别方法、识别标志。分类管理是危险废物名录管理体系的核心，通过统一分类和代码体系,对危险废物进行分类分级管理,辅以危险废物豁免排除制度,可以节约管理成本,突出重点,从而有效防控危险废物环境风险。作为源于国外的一项环境制度,由于我国产业结构不同,产生的危险废物种类和数量与国外差异较大,加之管理体制和管理能力也不相同,我国的危险废物分类标准、鉴别豁免程序等制度设计和相应的专业技术支撑体系都应建立在我国的国情基础之上。

二、污染责任追究制度

(一)企业主体责任追究

危险废物监管对象十分广泛,监管流程纷繁复杂,涉及生产生活的方方面面,而且危险废物种类繁多,即使是专业人士判断起来也有困难,给监管带来了很大的难度。虽然监管中初步掌握了危险废物产生数量和企业分布,但危险废物流向、自建利用处置设施情况以及历史遗留危险废物的种类、数量、分布、环境污染状况等具体情况尚不清楚。目前,虽然生态环境部在机构改革过程中成立了专门的固体废物管理部门,强化了固体废物管理的人员配置,但是省、市、县危险废物管理的专业人员还有很大缺口,社会上从事危险废物技术服务相关的机构和人员也十分匮乏,监管能力严重不足。

　　案例3　济南市生态环保部门联合公安部门处置"10·21"企业非法转移倾倒危险废物行为。山东省济南市章丘区普集镇的张林德、陈继新两人租赁上皋村已经废弃的明皋2号煤井院落,与淄博桓台山东金诚重油化工有限公司等企业私自交易,非法收集、转运、倾倒危险废物(主要是废碱液体、废酸液体)。2016年10月21日凌晨2时,两人与罐车司机和押运员在用罐车运输化工废液向煤井倾倒时中毒死亡。案发后,济南市生态环境、公安部门立即成立专案组,迅速锁定事件直接责任人和涉事企业,行程4000千米调查取证,查明山东金诚重油化工有限公司、济宁泗水山东万达有机硅新材料有限公司、日照莒县山东弘聚新能源有限公司、滨州博兴山东利丰达生物科技有限公司、东营山东麟丰化工科技有限公司等涉事企业，依法逮捕10人，刑事拘留2人，取保候审7人，上网追逃6人，依法责令涉事企业全部停产整顿，并实施顶格经济处罚，对涉嫌犯罪的有关责任人员，依法追究刑事责任。通过过程严管，极大地扭转了企业偷排、环境受害、公众遭殃、政府买单的局面。

案例表明，随着生态环境保护要求的不断提高，生态环境监管力度的不断加大，绝大部分企业会逐步规范危险废物处理处置行为。但是，也不排除个别企业在经济利益的驱动下，为了减少危险废物处置费用，选择非法的方式处置危险废物；也不排除有些企业和个人，在经济利益的刺激下，无视法律规定，违法从事危险废物处置工作。

当前，这些行为还时有发生，今后也仍可能发生，会给危险废物污染防治工作形成冲击。

案例4 江苏凯威新材料科技有限公司未批先建的3项违法事实：一是报批获准建设1条电镀锌生产线，实际情况是新建2条电镀锌生产线。获准建设2套大拉设备和6套中拉设备，实际是建设5套大拉设备和9套中拉设备。二是年产1.2万吨钢丝绳系列产品技改项目一直未通过环境保护"三同时"验收。三是对产生的危险废物未按要求进行申报。

对于案例体现的环境违法行为，必须深入开展打击。开展打击危险废物非法倾倒、转移、利用和处置的专项行动，以医疗废物、废酸、废铅蓄电池、废矿物油等危险废物为重点，持续开展打击固体废物环境违法犯罪活动。严格环境执法，落实环境责任，对造成环境污染和生态破坏的行为进行严厉惩处。后果严惩既包括对违法排污企业造成严重后果的惩罚,也包括对生态环境保护负有管理责任的地方党委政府部门及工作人员失职行为的惩处。企业作为造成环境污染的责任人,理应也必须承担污染治理的主体责任。

《中华人民共和国环境保护法》规定,"企业事业单位和其他生产经营者应当防止、减少环境污染和生态破坏,对所造成的损害依法承担责任"。企业的环境治理责任首先表现为对清洁生产和综合高效利用资源能源的"三同时"和企业建设项目环境影响评价等制度的遵守;其次是对生产过程中严格按照排污许可证载明的种类和数量进行排污,重点排污单位还必须安装和使用环境监测设备,按照规定向社会公开主要污染物的排放情况和污染防治配套设施的运转情况。在遵守法律法规强制性规定的基础上,强化履行企业社会责任的正向激励,推动企业从"要我守法"到"我要守法"的转变。同时,对于未能履行环境治理责任,破坏生态和污染环境造成损害的,要求其依法承担侵权和赔偿责任,责令进行生态保护和修复,构成犯罪的,依法追究刑事责任。例如,对案例 4 江苏凯威新材料科技有限公司处以 25.905 万元罚款,并责令其改正。

针对实践中一些企业认为环境违法成本低,宁愿接受罚款也不愿意进行治理,偷排、超排等违法违规现象屡禁不止的现状,必须加大生态环境领域违法犯罪的违法成本,以严管重罚来形成企业不想、不敢破坏生态环境的态势和氛围。一是加大经济处罚的额度,例如对违法排污拒绝改正的行为实行"按日计罚",对建设项目违反环评法进行按照投资比例处罚等,使得违法成本高于守法成本。二是对于一些后果严重和危害较大的环境违法行为,经济处罚难以起到有效惩戒效果,但尚未构成犯罪的,适用治安管理处罚,对于负有直接责任的企业人员,移送公安机关予以拘留;对于构成犯罪的环境违法行为,建立行政违法和刑事诉讼衔接机制,加大刑事打击力度。

在惩罚的同时,企业还必须对造成环境损害的后果进行赔偿,要将环境恢复到此前未曾破坏的状态,这也成为企业履行生态环境责任的重要内容。生态环境损害赔偿制度规定赔偿义务人必须对受损的环境进行修复,无法修复的,进行货币赔偿,破解了"企业污染、群众受害、政府买单"的困局。

> **案例 5** 安徽海德化工科技有限公司在 2014 年 5 月违规将 102.44吨废碱液直接倾倒长江及新通扬运河,造成严重环境污染,被法院判决生态环境修复赔偿 5482.85 万元。

必须指出的是,生态环境损害赔偿在实践中仍然有待进一步深化和完善。一是生态环境损害评估的认定工作。环境损害评估是确认环境损害程度、原因分析、责任认定,以及制定环境损害修复方案、对环境损失进行量化的前提和依据,但实践中在多因一果和多果一因的环境损害情况下如何确认各种因果关系的问题尚待研究解决。二是要细化赔偿磋商和诉讼程序。需要明确赔偿权利人进行环境损害赔偿磋商与环境损害赔偿诉讼的衔接,以及根据《民事诉讼法》和《环境保护法》提起环境诉讼之间的关系。需要明确环境损害赔偿磋商的具体工作程序,包括环境赔偿的管辖范围与案件的受理、损害的调查、评估的委托、责任人认定、修复方案制定、磋商协议的形式与内容、磋商决定及其效力等内容。此外,还需要规范生态环境损害赔偿资金管理,推行企业环境损害赔偿基金与环境修复保证金制度。

(二)政府主体责任追究

污染责任的追究仅仅限于企业是不够的,环境治理的另一主体,政府部门的环境责任更加需要落实。从根本和法理上说,地方各级人民政府应当对本辖区的环境质量负责。2014 年《中华人民共和国环境保护法》第六条明确规定"地方各级人民政府应当对本行政区域的环境质量负责"。地方政府的环境质量责任制意味着地方政府及其相关责任人在落实生态环境保护监管责任过程中不履职、不当履职、违法履职,导致严重后果和恶劣影响的将被依法依规追究责任。只有这样才能真正做到生态环境治理方主体责任的落实。其中的逻辑可以从对政府环境管理部门追究责任的案例6中得出。

> **案例6**　湖南省益阳市桃江县东方矿业公司超标偷排污染环境。该公司没有完整的矿区生产污水收集处理系统,已有的简易污水处理站无法满足污水处理排放标准且未正常运行,属于不正常运行污水处理设施、含重金属(镉)超标废水偷排直排的环境违法行为。对此,桃江县环境保护局、桃江县辖区松木塘镇党委政府未能正确履行职责,环境监管不到位,污染处置不得力。因此,对造成环境污染问题负有环境管理责任的桃江县环保局副局长、灰山港环境监察站站长、桃江县松木塘镇党委委员、国土规划建设环保所所长等4人被党纪立案审查。

地方环境管理部门的责任追究除了不作为,还有乱作为。例如湖南省湘潭市政府为维护当地企业利益,擅自缩小原环境保护部2015年10月要求湘潭市就湘潭电化科技有限公司无正当理由拒绝环保执法检查问题进行通报批评的通报范围,通报文件仅主送原环境保护部和肇事企业。此外,湘潭市及湘乡县两级政府对辖区内湘潭碱业公司长期超标排放,在线监测设备不正常运行,监督性监测发现多次超标排污的问题没有依法处理,反而称该企业"通过多年在线监控运行及各级环保监督性监测表明,污染物能够实现达标排放"。

以上案例反映出,我国环境问题集中爆发的一个很重要的原因是对政府环境责任追究不到位,GDP竞赛为核心的干部政绩考核和干部任用体制导致政府环境保护与经济发展综合决策中重发展轻保护的现象突出,环境保护行政不依法和行政干预环境执法情况突出。地方各级党委和政府对本地区的生态环境保护负有持续改善生态环境质量而"不得恶化"的责任,应建立健全生态环境保护考核制度,将环境损害、生态效益等环境考核指标纳入党政领导干部考核,从行政、民事、经济、社会和刑事等方面构建起全面的生态环境损害责任追究制度,建立干部离任的环境审计制度。

总体而言,党政领导干部生态环境损害责任追究制度是适应我国国情的重大制度创新,是中国共产党正视问题、刀刃向内、解决问题、不断进步的制度安排。具体来说,可以从以下几个方面加强和发展完善:

一是建立更具有操作性的实施细节和细则:明确责任主体、问责情形、责任承担方式、问责的程序、权利救济和保障机制,从问责的启动、立案、调查、处理、法律救济等方面全方位进行细化规范。二是精准追究生态环境损害责任主体。三是细化承担责任的标准以及限定承担责任的形式。四是严格责任追究的程序和提供相应的权利救济保障。完整的生态环境损害责任追究制度的构建是构建完整生态文明制度体系的重要组成部分,也是主要的短板之一。由于干部选拔任用制度、环境绩效考核机制及问责机制的不完善,加之环境问题存在滞后性的因素等,政府不作为和乱作为而导致的环境问题层出不穷,后果严重。因此随意决策、肆意妄为所造成严重环境问题的领导干部要依法承担法律责任。特别是一些领导干部片面追求个人政绩,置生态环境于不顾,GDP 上去了,生态环境却毁掉了。因此,建立生态环境损害责任终身追究机制,推动领导干部环境决策科学化、规范化、法治化,从制度上使领导干部不想也不敢以牺牲环境换 GDP 是生态环境治理的又一关键环节。

第四节　环境监察和执法垂直管理制度

对于过程管理来说,除去经济调节的监管,更重要的环节就是对排污行为的监测和查处管理。一直以来,我国生态环保管理体制是"以块为主",环境监测和执法管理机构和组织的设置、人员以及经费保障都是由地方政府负责。由此容易导致地方保护,一些地方出于经济利益考虑导致生态环境监测和执法的不够严格。目前正在推进和实行的省级以下环境监测监察和执法垂直管理制度改革,有利于构建统一公正科学的企业污染排放、环境信息评价和监测监察体系,同时也能促使排污权交易市场机制更加有效地运作。

2016 年 9 月,中共中央办公厅、国务院办公厅印发《关于省以下环保机构监测监察执法垂直管理制度改革试点工作的指导意见》,要求到 2020 年全国省以下环保部门按照新制度高效运行。这一制度改革旨在切实解决对地方政府及相关部门环境保护责任的落实监督问题,切实解决地方保护主义对生态环境监测监察执法横加干预的问题,为实行最严格的生态环境保护制度提供坚强体制保障。

第一,调整生态环境监测、督察和执法的组织管理体制。一是上收地(市)、县生态环境机构管理权限。地市级生态环境保护局实行以省生态环境厅为主的双重管理,县市区环保局调整为地市级生态环境局的派出分局,由地市级生态环境局直接管理;上收市县两级生态环境保护的督察职能,由省生态环境厅统一行使。二是建立生态环境保护的督察专员制度,生态环境保护督察专员根据省委安排,经省政府授权,对省直有关部门、地(市)县两级党委政府及其生态环境保护部门履职情况进行督察。三是上收市县生态环境监测机构,上收现有地市环境监测机构,改由省生态环境厅直接管理,主要负责生态环境质量监测工作,现有县市区环境监测机构上收到地(市)生态环境局,主要职能调整为执法监测。四是推行生态环境保护综合行政执法,重心下移,整合市县两级政府部门生态环保执法权和人员编制,组建市县两级生态环境保护的综合执法队伍,强化属地生态环境执法。

第二,建立生态环境部门与公安部门的打击环境违法犯罪活动联动执法工作机制。根据《中华人民共和国刑法》《中华人民共和国环境保护法》《行政执法机关移送涉嫌犯罪案件的规定》《最高人民法院、最高人民检察院关于办理环境污染刑事案件适用法律若干问题的解释》《环保部、公安部关于加强环境保护与公安部门执法衔接配合工作的意见》等有关法律法规规定和要求,建立生态环境保护联动执法工作机制,充分发挥生态环境部门和公安部门各自职能优势,加强部门之间信息沟通、共享,拓展案件线索来源,构建行政执法和刑事司法"无缝对接"体系,形成防范打击环境保护违法犯罪活动的合力,切实提高环境保护行政执法效率和防范打击能力。

第二章　全面建立资源高效利用制度

　　自然资源是生态系统的基本要素,也是生产和生活的重要物质源泉。全面建立资源高效利用制度,根本目的在于改善资源约束趋紧的局面,兼顾长远利益与短期利益、局部利益与全局利益,以资源的可持续利用支撑经济社会的可持续发展。

　　改革开放以来,我国立足于发展中面临的资源保护和利用矛盾,不断完善自然资源管理制度。相继出台的《森林法》《土地管理法》《环境保护法》《可再生能源法》等为保护和合理利用自然资源提供了法律依据;"七五"首次将资源节约列入国民经济发展计划,作为社会经济发展的约束性指标;1984 年,资源税制度的建立标志着资源管理逐步走向有偿使用。党的十八大以来,自然资源管理制度改革在产权制度、国土空间规划、有偿使用、节约集约利用等方面展开积极探索,形成一系列制度规范,取得了显著成效。2018 年,国家机构改革中新组建了自然资源部和由其管理的国家林业和草原局,统一行使全民所有与自然资源资产所有者职责及所有国土空间用途管制和生态保护修复职责,实现对山水林田湖草等自然要素及生态系统的用途管制和综合治理,面对新时期资源环境挑战,更需要夯实资源管理制度基础,建立资源高效利用长效机制,不断提升资源治理效能。

第一节　自然资源产权制度

我国自然资源管理进程中,长期存在资源资产所有权人不到位、权益落实难等问题,导致资源无序开发、保护不力。党的十八届三中全会明确提出建立自然资源资产产权制度,这是资源资产化、资源保护权责明晰等一系列资源管理工作的基础。

一、自然资源产权制度沿革与理论突破

(一)自然资源产权制度沿革

自然资源产权是对自然资源所有、使用、处分和收益等的权利束,自然资源资产产权制度就是关于自然资源资产产权主体、客体、权利内容的设立、取得、变更、流转和保护等的一系列规范的总称。在我国社会主义公有制经济基础上,自然资源资产由全民或集体所有,并受全民或集体监督。然而我国长期存在资源底数不清、产权主体不明确、收益分配机制不合理、权利体系不完善、权责不清晰、监管缺力度等问题,导致资源利用粗放、生态环境破坏严重。

20世纪80年代的《宪法》《民法通则》《森林法》《矿产资源法》《土地管理法》和《水法》等法律以及之后的修订,基本形成了以自然资源品种法律为结构的自然资源法群。根据法律法规规定,我国城市土地归国家所有,农村土地归集体所有;矿产资源由国家所有,对矿产资源开发利用设立了探矿权和采矿权;森林所有权属于国家和集体,使用权分为林地使用权和森林、林木的使用权;草地也分为国家和集体所有两种,草原的使用可以依法确定为全民所有或集体所有;水资源归国家所有,但农村集体经济组织及其成员对本集体的水塘、水库中的水享有无偿使用权。从90年代起,随着社会主义市场经济体制不断完善,我国开启了资源资产所有权、使用权

分离的探索,最典型的是农村土地三权分置,对调动农民生产积极性、推动城镇化和农业现代化同步发展具有重要意义。

党的十八大以来,资源产权制度改革取得了质的飞跃。在体制层面,新组建了自然资源部、生态环境部、国家林业和草原局等机构,统一行使生态文明建设背景下的自然资源资产管理职能。在制度建设层面,先后出台了自然资源调查监测、确权登记、节约集约利用、有偿使用、生态补偿、用途管制等重大制度,基本搭建起自然资源资产管理制度体系。在管理层面,基于系统思维将原来的土地、矿产等国土资源管理,拓展到对森林、草原、湿地、水、海洋等自然资源资产统一管理,并首次将生态系统纳入自然资源资产管理范畴;构建了"多规合一"国土空间规划体系下的国土空间用途管制,突出了山水林田湖草整体保护、系统修复、综合治理,自然资源部门开始全面行使"两统一"职责。特别是严格质量管控、确保数据真实可靠的"国土三调"持续推进,全面摸清各地自然资源真实本底情况,为建立系统完整的自然资源资产产权制度奠定了坚实基础。

党的十八届三中全会开启了我国自然资源资产产权制度改革实践和探索工作,随后出台的一系列文件从法律法规、具体措施等方面推动资源产权制度改革不断完善。2015 年发布的《生态文明体制改革总体方案》提出建立统一的确权登记系统等五个方面健全自然资源资产产权制度。

(二)自然资源产权制度理论突破

2019 年出台的《关于统筹推进自然资源资产产权制度改革的指导意见》(以下简称《指导意见》)立足社会主义国家自然资源公有制的大局,为建立中国特色自然资源资产产权制度体系提供了根本遵循,在理论层面上实现四重突破。

一是在政府和市场的关系上,坚持市场配置、政府监管。政府的一项基本职能在于供给制度,确保资源科学、有序管理,实现资源的生态、经济和社会等多种价值。根据《指导意见》,通过健全自然资源资产产权制度,完善权能和交易平台、交易规则、服务体系等,探索自然资源资产所有者权益的多种有效实现形式,努力提升自然资源要素市场化配置水平,实现交易的顺畅、安全、高效。政府要以用途管制为抓手,切实加强监管,保证区域公平和代际公平,解决"市场失灵"问题。

二是在协同开发和保护的问题上,坚持保护优先、集约利用。健全自然资源产权制度,首要目的是提升资源在生态系统功能中的基础作用,提高资源开发利用效率,带动经济发展方式整体转型。同时,依托产权体系推进的生态补偿制度、生态产品价值实现机制,是"绿水青山就是金山银山"理念的重要可行途径和实践。

三是在中央和地方的关系上,探索中央直接行使和委托地方代理行使所有权。鉴于我国自然资源资产由全民所有,理论上应当由中央政府统一行使所有权。但由于自然资源的开发利用和保护对地方经济社会发展具有重要影响,同时我国各地差异性较大,为充分调动和发挥地方政府积极性和主动性,在资产管理方面,探索中央直接行使和委托地方代理行使所有权,建立委托代理关系。基于委托代理可能出现的"信息不对称、责任不对等、激励不兼容"的问题,需要健全完善监督管理机制。

四是在权利和义务的关系上,坚持物权法定、平等保护。自然资源资产所有权人和使用权人在保护、利用和修复上秉持权责对等原则,在行使权利的同时也要承担相应的资源、生态保护义务。通过依法明确全民所有自然资源资产所有权的权利行使主体,健全产权体系和权能,完善产权法律体系,平等保护各类产权主体的合法权益,更好发挥产权制度在生态文明建设中的激励约束作用。

二、自然资源产权制度实践创新

《指导意见》延续了《生态文明体制改革总体方案》提出的健全产权体系、确权登记等基础性工作,继续推进自然资源资产管理体制、分级行使所有权体制等内容,更加突出依托国土空间规划的资源整体保护、统一调查监测评价融合市场机制和政府监管,体现了资源管理和生态保护的系统性思维,以及统筹保护和发展的可持续发展思维;更加强调党的领导,健全法律体系,不断提升以法治为基础的资源治理体系。

(一)健全自然资源资产产权体系,明晰主体、拓展权能

按照所有权和使用权适度分离原则,继续探索土地经营权入股、抵押,宅基地所有权、资格权、使用权"三权分置",油气探采合一权利制度,海域使用权立体分层设权,从而理顺和丰富权能,创新权益的实现形式。在分级行使所有权体制方面,《指导意见》指出研究建立国务院自然资源主管部门行使、委托省级和市(地)级政府代理行使自然资源资产所有权的资源清单和监督管理制度,农村集体所有自然资源资产由农村集体经济组织代表集体行使所有权,明确产权主体,力求有效解决所有权具体行使主体不明确、权益不落实等问题。

随着顶层设计的完善,地方资源产权创新实践探索层出不穷。例如,2018 年 7 月,《福建省自然资源产权制度改革实施方案》印发,福建三明市、将乐县等县市也制定了自然资源产权制度改革实施方案;江西省在《国家生态文明试验区(江西)实施方案》中提出建立健全自然资源资产产权制度。在具体资源类别上,2018 年 1 月,河南在全国率先发布了矿业权出让收益市场基准价,凸显了市场在资源配置中发挥决定性作用的理念,起到了引领和示范作用。2015 年,浙江德清、河南长垣等 33 个试点县正式启动农村土地征收、集体经营性建设用地入市、宅基地制度改革试点;在山西、福建、江西、湖北、贵州、新疆等 6 个省(自治区)开展了矿业权出让制度改革试点;在内蒙古阿尔山林业局开展了重点国有林区国有森林资源资产有偿使用制度改革试点;在宁夏、江西、湖北、甘肃、内蒙古、河南、广东等地开展了全国水权试点工作;在甘肃、宁夏等地开展水流和湿地产权确权试点。上述实践探索极大地促进了自然资源资产产权制度改革,使各类资源得到充分保护和有效利用。但也存在着一些不足,主要是:许多地方出台的方案结合本地区自然资源特殊性与地方特色不够,规则创新和针对性不足;一些试点省和试点市县虽重视了自然资源统一确权登记的政策制定和规则创新,但并没有出台自然资源产权制度配套措施。

(二)建立自然资源统一调查、评价、监测制度

自然资源调查旨在摸清资源家底,实现有效管理和统一规划,调查内容包括资源的数量、质量、类型、规模、问题等。针对部分自然资源分类、调查评价标准不统一,家底不清甚至交叉重叠等问题,《指导意见》提出统一自然资源分类标准、自然资源调查监测评价制度和组织实施全国自然资源调查。此外,2019年自然资源部在系统梳理、整合原国土资源、海洋、测绘地理信息、城乡规划等有关统计调查制度基础上,出台《自然资源综合统计调查制度》及土地、矿产、海洋、海洋经济、地质勘查及地质灾害、测绘地理信息、国家自然资源督察、自然资源管理等八套专业统计调查制度,形成较为完备的自然资源统计调查制度体系。

(三)建立自然资源统一确权登记制度

土地使用权、承包经营权、流转权与森林、林木、林地、草地、矿产等其他资源登记交叉冲突,影响了产权的合理配置。2016年,中央全面深化改革领导小组第二十九次会议审议通过了《自然资源统一确权登记办法(试行)》,该办法分总则、自然资源登记簿、自然资源登记一般程序、国家公园、自然保护区、湿地、水流等自然资源登记,以试点先行、分阶段推进模式,对水流、森林以及探明储量的矿产资源等自然资源的所有权统一进行确权登记。这一时期不动产登记机构、登记簿册、登记依据和信息平台"四统一"全面实现。2019年7月印发的《自然资源统一确权登记暂行办法》,强调通过自然资源统一确权登记,划清各类自然资源资产所有权主体、不同层级政府行使所有权边界和不同资源类型的边界,并提出计划用五年时间,从自然保护地、重要生态功能区、全民所有单项自然资源,再过渡到对全部国土空间内的自然资源登记全覆盖,为资源有效保护、合理利用、流转交易等提供基础支撑。

为确保改革积极稳妥,中央选择国家生态文明实验区(福建、贵州、江西)、国家公园(青海三江源)、水流(宁夏、甘肃疏勒河流域,陕西的渭河,江苏的徐州,湖北的宜都)和湿地(甘肃和宁夏)、重点林区(黑龙江大兴安岭以及吉林延边等地)等 12 个省 32 个区域开展试点,重点对国家公园、水流、湿地、林地和矿产资源等方面展开探索。2018 年 2 月,试点省份完成试点工作,探索了以管理界限划分登记单元,有效实现管理权与所有权分离,建立了自然资源确权数据库和相关细化的技术规范,服务于自然资源保护和监管。试点探索中,发现了一些不同程度制约确权登记工作的突出和共性问题:一是自然资源资产产权归属不明确,监管保护薄弱。二是现代产权制度体系、管理体制不完善,改革协同性不够。三是产权交易机制不完善,市场配置程度低。四是不同自然资源类型交叉、权利交叉模糊、统计重复,确权登记难度大等。总体看,我国自然资源资产确权登记无论制度技术体系还是务实操作方法和要求,均需要经历较长一段时间的探索实践与丰富完善。

三、自然资源产权制度改进思路

纵观我国自然资源资产产权制度历程,可将自然资源产权制度概括为几个层次:一是通过健全国家自然资源资产管理体制和统一确权登记制度,明确产权主体,避免因产权主体不清、不到位造成"公地悲剧",从最前端为资源环境保护奠定了坚实基础。二是创新产权制度,扩权赋能,促进自然资源资产在市场中顺畅流转、优化配置、提高效率,以较少的资源消耗满足经济社会发展需求,促进生态保护目标实现。三是健全相关法律制度体系,明确细化所有权人和使用权人保护自然资源的义务和责任。根本原则是按照谁修复、谁受益原则,赋予一定期限内享有自然资源资产使用权的主体得到合理收益,克服资源利用和生态环境保护的负外部性问题。

自然资源产权制度涉及内容广泛,仍存在不少问题有待调整。比如,关于中央与地方,以及省、市、县的分级代理关系,如何实现权责利匹配,几个主体不够明晰;如何保证资源产权权益合理分配,尤其是满足资源产地的生态补偿;如何协同保护和发展,在满足基本资源需求的基础上确保生态系统功能完整和环境良好。

未来,切实做好自然资源调查监测和确权登记等基础性工作,应以落实产权主体为关键,构建中国特色自然资源资产产权制度体系,具体从以下五个方面着手。

第一,明确自然资源产权主体权责利。设定中央与地方各级政府以及自然资源资产产权主体相应的控制、收益、止损、补偿等权利和对称的责任,根据自然资源管理目的,平等保护各类自然资源资产产权主体合法权益。实行自然资源资产所有权和使用权分离,做好自然资源资产所有权委托代理制度。

第二,健全市场机制。尊重市场规律,促进市场竞争,完善交易市场和评估评价与竞价机制,建立完善自然资源定价机制以及明确、合理、稳定、受法律保护的产权利益分享规则。

第三,加快建立以现有资料为基础,查漏补缺的自然资源统一调查评价制度。建立自然资源档案管理制度,全面动态掌握自然资源家底。在充分利用已有自然资源相关数据及资料的基础上,查漏补缺,将需要补充调查的数据资料及需求纳入全覆盖的调查中,如国土"三调"、年度变更调查,实现多调合一、一调多用。

第四,完善自然资源统一确权登记制度体系和技术标准体系。明确自然资源分类以及物理边界,充分考虑自然资源的整体性和互相依附性,以不动产登记为基础,清晰界定各类自然资源资产所有权及其派生出来的其他权利的边界和权利主体。

第五,加强自然资源产权登记信息应用。创新"互联网＋不动产登记"形式,升级改造自然资源确权登记数据库及配套的数据库管理系统、登记信息系统、信息分析系统、数据共享服务系统及社会化服务系统,为健全资源资产产权制度体系搭建管理服务平台。

第二节　国土空间规划体系

国土是社会经济活动的空间载体和物质基础。我国快速推进的工业化、城镇化对生态空间造成挤占,埋下了严重的生态隐患,如何协同生产、生活、生态空间成为可持续发展的关键。党的十八大报告指出"按照人口资源环境相均衡、经济社会生态效益相统一的原则,控制开发强度,调整空间结构",为优化国土空间布局,协调生产、生活、生态空间指明了方向。

一、国土空间规划体系沿革

我国对区域生态系统功能的保护可追溯到 1956 年首个自然保护区的设立。1987 年,我国颁发了《国土规划编制办法》,为我国国土规划和国土资源开发整治工作提供了首个行政法规依据。2000 年以来,土地利用总体规划、全国生态功能区划相继出台,旨在加强土地资源开发和保护、区分各类生态功能区、维护生态安全,但大多数规划局限于生态保护单一领域。经历了 40 余年发展,国土规划逐步由单一规划演变为综合性规划,空间结构优化和合理开发的导向日益明晰。

在规划内容方面,功能区划逐步完善,由单一的国土资源开发走向"空间开发"和"用途管制"并重,旨在使社会经济发展与资源环境承载力相适应。"十一五"期间"功能区"被正式纳入社会经济发展规划,要求综合考虑区域资源环境承载能力、开发密度等因素,划分优化开发、重点开发、限制开发和禁止开发四类主体功能区。党的十七大报告提出要"按照形成主体功能区的要求,完善区域政策,调整经济布局",将空间规划与区域经济政策相统一,引导资源要素在区域间的合理配置。2010 年颁布的《全国主体功能区规划》在四类主体功能区的基础上,进一步划分出城市化地区、农业地区和生态地区三类功能区。党的十八大以来,"空间规划"和"用途管制"成为国土空间开发保护的两大手段,国土空间用途管制逐步扩大到所有自然生态空间。党的十八届三中全会提出"划定生产、生活、生态开发管制边界,落实用途管制"要求,随后,国家在省、市县两个层面开展空间规划试点。2016 年印发的《省级空间规划试点方案》提出"以主体功能区规划为基础,全面摸清并分析国土空间本底条件,划定城镇、农业、生态空间以及生态保护红线、永久基本农田、城镇开发边界",简称"三区三线",成为国土空间规划的基本要素。随后在 2017 年由国务院部颁布的《全国国土规划纲要(2016—2030 年)》,成为我国首个兼顾国土开发、保护和整治的综合性规划。

在规划体系组织层面,"多规合一"由试点走向全国,分级分类分层部署。自 2003 年起国家发改委将江苏苏州、福建安溪等 6 个市县设立为试点,探索国民经济社会发展规划、城乡规划、土地利用规划"三规合一"。2014 年在 28 个市县将上述"三规合一"拓展为融合环境功能区规划的"四规合一"。2018 年发布的《中共中央关于深化党和国家机构改革的决定》明确指出推进"多规合一",构建科学合理的城市化格局、农业发展格局、生态安全格局、自然岸线格局。随后在 2019 年中共中央、国务院颁布《关于建立国土空间规划体系并监督实施的若干意见》再次强调"多规合一",发挥国土空间规划对主体功能区规划、土地利用规划、城乡规划等各类专项规划的综合性指导作用。

在管理体制方面,新成立的自然资源部整合了分散在原国土资源部、住房和城乡建设部等部门的国土空间管制职能,为实现"多规合一"提供了体制保障。2018 年、2019 年,中共中央、国务院《关于统一规划体系更好发挥国家发展规划战略导向作用的意见》《关于建立国土空间规划体系并监督实施的若干意见》先后出台,阐明新时期国土空间规划包括总体规划、详细规划和相关专项规划三大类,自此以国家发展规划为统领,以空间规划为基础,以专项规划、区域规划为支撑,由国家、省、市县各级规划共同组成的国家规划体系总体框架基本形成。

二、国土空间规划体系理论创新

传统区域经济认为区位是经济活动所占有的场所,区位条件由资源禀赋、地理位置、交通条件、社会文化等多重因素决定,由此影响社会经济活动的区位选择和区位布局。杜能的农业区位论、韦伯的工业区位论、克里斯塔勒的中心地理论等代表性区位理论都是以经济效益最大化为目的,立足于区位优势选择产业类型和布局。生态文明发展范式下,发展目标转向经济、生态和社会可持续发展,经济效益导向下的区位优势需要重新做出选择,更加注重人地资源配置和空间均衡。我国结合地域面积广阔、地形复杂、国土空间构成多样的特点,不仅提出自然保护区、生态功能区等生态保护战略,还提出主体功能区战略、"三区三线"用途管制等,是对传统区位优势理论的创新。

(一)主体功能区战略拓展区位优势论

中国按照优势区位逻辑推进东中西部土地资源空间配置向优势区集中,发挥规模经济效应,经济得以飞速发展。与此同时,经济布局与人口、资源分布不协调问题逐渐显现,以均衡配置区域空间、注重资源环境承载力为目标的主体功能区空间管制理念应运而生。

在功能定位上,《全国主体功能区规划》中的"开发"特指大规模高强度的工业化、城镇化开发。依据不同区域的资源环境承载能力、开发强度、经济结构特征、人口集聚状况、参与国际分工程度等因素将全国划分为四大类主体功能区:优化开发区、重点开发区经济基础好、资源环境承载力较强,提高工业化、城镇化发展水平作为重点任务,区别在于优化开发区资源环境问题更加突出,需要着重推动发展方式向绿色化转型;限制开发区和禁止开发区则是要根据自然条件适宜开发,限制开发区主要是农产品主产区和重大生态功能区,应当优先保护生态系统功能,适度推动工业化、城镇化发展,禁止开发区特指自然文化资源保护区域,需要特殊保护。

在层级和布局上,主体功能区分为国家和省级两个层面,形成"两横三纵"为主的城市化格局,即以陆桥通道、沿长江通道为两条横轴,以沿海、京哈京广、包昆通道为三条纵轴,推进环渤海、长三角、珠三角地区等优化开发,形成三个特大城市群;推进哈长、江淮、海峡西岸、中原、长江中游、北部湾、成渝、关中—天水等重点开发,形成新的大城市群和区域性城市群。

(二)"三区三线"坚守资源环境承载力

党的十八大以来,三条控制线的划定工作独立推进,难免交叉重叠。2016 年出台的《省级空间规划试点方案》对统筹三条控制线、优化国土空间布局做出部署,明确将资源环境承载能力和国土空间开发适宜性评价(简称"双评价")等作为国土空间功能分区和规划编制的依据,在此基础上划定城镇、农业和生态三类空间,再于各类空间中划定最核心的区域,即生态保护红线、永久基本农田、城镇开发边界。

三条控制线实质是以"底线思维"识别区域发展短板。2019 年,中办、国办印发《关于在国土空间规划中统筹划定落实三条控制线的指导意见》,给出三条控制线的划分依据和基本内涵:生态保护红线延续《关于划定并严守生态保护红线的若干意见》的定义,是生态空间中最核心的刚性约束区域,具体可划分为生态功能保障基线、环境质量安全底线、自然资源利用上线;永久基本农田根据耕地质量、粮食作物种植情况、土壤污染状况等划定,基本准则是面积不减、质量提升、布局稳定,保障国家粮食安全和重要农产品供给;城镇开发边界,是指在一定时期内因城镇发展需要,可以集中进行城镇开发建设,重点完善城镇功能的区域边界,同时科学预留一定比例的留白区。三条控制线将长期作为区域协调发展、推进城镇化和工业化不可逾越的红线,结合功能分区,共同构成国土空间规划的基本要素,是落实国土空间用途管制、确保国家生态安全格局的重要举措。

第三节　自然资源资产管理制度和监管体制

自然资源资产管理旨在实现资源有偿使用,维护资源资产权益;资源监管体制解决的则是资源无序利用的"市场失灵"问题。建立自然资源资产管理制度和资源监管体制,明确国土空间的自然资源资产所有者、监管者及其责任,是实现资源资产价值的重要保障,是确保自然资源管理"两统一""两职责"得到落实的具体措施。

一、自然资源资产管理制度和监管体制沿革

我国自然资源资产管理经历了从资源管理转变到资产管理、资源使用从无偿划拨逐步调整到有偿使用的过程,管理方式从政府计划过渡到市场配置,形成了自然资源国家所有和集体所有的二元所有格局的自然资源产权制度。党的十八届三中全会首次提出"健全国家自然资源资产管理体制,统一行使全民所有自然资源资产所有者职责"的要求。党的十八届三中全会《决定》辅导读本将自然资源资产界定为:具有稀缺性、有用性(包括经济效益、社会效益、生态效益)及产权明确的自然资源。由此理解,自然资源资产是自然资源中具有稀缺性和产权明确的部分,既包括具有经济价值的经营性资产,也包括没有经济价值但具有生态和社会价值的公益性资产,以及兼具经济、生态、社会价值的复合性资产。因此,建立资源资产管理制度,旨在实现资源多重价值,是协同资源保护和利用的重要途径。

资源所有者与监管者分开是资源资产管理和保护工作的一项重大改

革。2016年12月,中央全面深化改革领导小组第三十次会议审议通过了《关于健全国家自然资源资产管理体制试点方案》,提出按照所有者和管理者分开和一件事由一个部门管理的原则,将所有者职责从自然资源管理部门分离出来,集中统一行使,负责各类全民所有自然资源资产的管理和保护。2016年印发的《关于创新政府配置资源方式的指导意见》,要求区分自然资源资产所有者和监管者职能,依照法律规定,由国务院代表国家行使所有权,探索建立中央和地方政府分级代理行使所有权职责体制。党的十九大报告首次提出设立国有自然资源资产管理和自然生态监管机构,整合分散的全民所有自然资源资产所有者职责,符合山水林田湖草系统治理的要求。

目前,我国基本摸清了主要门类的自然资源数量,建立了不同门类自然资源的调查评价、监测统计、区划规划、用途管制、节约集约利用、资源保护、生态修复、考核评价、确权登记、有偿使用等管理制度体系,为自然资源部门"统一行使全民所有自然资源资产所有者职责,统一行使所有国土空间用途管制和生态保护修复职责"提供了有力的体制机制保障。

二、自然资源资产管理制度和监管体制实践创新

(一)自然资源有偿使用制度

自然资源有偿使用制度是指国家采取强制手段使开发利用自然资源的单位或个人支付一定费用的一整套管理措施,其形式主要包括税收和收费。2016年针对资源有偿使用发布的两个重要文件明确了资源有偿使用制度的重点任务和主要手段,8月,中央全面深化改革领导小组第二十七次会议审议通过了《关于创新政府配置资源方式的指导意见》,提出要建立明晰的产权制度,健全管理体制,完善资源有偿使用制度;12月,国务院出台《关于全民所有自然资源资产有偿使用制度改革的指导意见》,明确要求以用途管制为前提,明晰产权、丰富权能,发挥市场配置和政府监管作用,

建立健全自然资源资产有偿使用制度。2017 年国家发展改革委《关于全面深化价格机制改革的意见》中指出，要完善涉及水土保持、渔业资源增殖保护、草原植被、海洋倾倒等资源环境有偿使用收费政策，科学合理制定收费办法、标准，增强收费政策的针对性、有效性。从资源有偿使用制度体系构成内容来看，主要包括自然资源及其产品价格改革、资源税费改革，以及土地、水、矿产、国有森林、国有草原资源和海域海岛有偿使用制度等六类全民所有自然资源有偿使用制度。

(二)自然资源资产负债表

自然资源资产评价主要是以统一的自然资源指标为依据，考核地方党委和政府对当地自然资源节约集约利用、统一生态保护和自然资源资产的保值增值情况，自然资源资产负债表和领导干部自然资源资产审计可以作为考核评价体系的重点。

2014 年 7 月，国家发展改革委牵头启动第一批生态文明先行示范区建设，探索编制自然资源资产负债表。2015 年发布的《编制自然资源资产负债表试点方案》提出统筹设计主要自然资源的资产负债核算，优先核算土地资源、林木资源和水资源等具有重要生态功能的自然资源(不涉及权属和管理关系)，探索编制矿产资源资产负债表，全面系统地反映自然资源的变化及其对生态环境的影响。从 2015 年 11 月开始，国家统计局会同有关部委下发了《自然资源资产负债表编制指南(试点用)》，选择内蒙古呼伦贝尔市、浙江湖州市、湖南娄底市、贵州赤水市、陕西延安市和北京怀柔区、天津蓟县和河北省等八个地区开展试点工作。同时，从 2016 年开始，全国有近 20 个省份自主开展了自然资源资产负债表编制试点工作。2017 年，国家统计局试编了 2015 年全国自然资源资产负债表。经过三年多试点探索，积累了一定经验，但也发现了不少问题：一是试编地区(单位)普遍对自然资源资产负债表概念、功能的问题认识不清或存在疑虑；二是统计标准有待规范，数据"打架"现象普遍，如某地发现各部门数据存在标准不统一、权属不清晰、空间交叉重叠甚至相互冲突问题;三是统计数据支撑难,历史数据存在"缺数据、无时效"问题;四是价值量核算技术亟待规范;五是数据管理能力有待提升,出现了"行政区域越小,数据准确性越低"的问题;六是"区域差异"不明显,地方"特色"突出不够;七是制度建设有待加强。

(三)自然资源资产审计

2015年,《开展领导干部自然资源资产离任审计试点方案》明确了试点分阶段分步骤实施,审计内容重点围绕自然资源资产管护指标完成、政策法规执行和专项资金用管等情况展开。2017年,《领导干部自然资源资产离任审计规定(试行)》明确了审计内容,提出了具体要求和途径。2017年12月,审计署《关于加强领导干部自然资源资产离任审计 推动打好污染防治攻坚战的意见》要求全国各级审计机关要加强能力素质建设、提高审计工作质量和效率,同时根据工作需要,将领导干部离任审计扩展到任职期间审计。

国家审计署会同地方审计部门,于2015年在湖南省娄底市实施了离任审计试点;2016年在河北省、内蒙古呼伦贝尔市等40个地区开展了审计试点;2017年组织对山西等9省(市)党委和政府主要领导干部进行了审计试点。2018年以来,领导干部自然资源资产审计全面加强,已成为领导干部职务调整中必审专项,且已扩展到领导干部任期期中审计,如河南省在市级层面基本做到了领导干部离任时自然资源资产审计全覆盖,一些地方正在开展领导干部任期期中审计。

上述审计工作对推动生态文明建设起到了明显的促进作用,但由于目前政策法规尚不健全,自然资源资产家底不清、量化困难、负债表不完善,自然资源资产信息繁杂、处理困难,加之自然资源资产离任审计专业性强、审计力量不足、审计方法落后等问题,这项工作仍处于探索阶段。如对某地审计实践发现,因自然原因、时间因素、因果传导作用等多种原因导致的自然资源和生态环境的变化,难以界定前后任、不同层级的领导干部责任,而退耕还林还草、国土绿化等需在数年后才能见到成效；数据时点对应困难，很难与领导干部任职时间匹配，比如审计2016年至2018年林业管护情况，而主管部门仅有2014年数据；依据资产负债表数据的增量和损耗量变化，对自然资源资产质量变化和生态环境质量变化难以准确评估，不能准确评价领导干部履责情况；特别是审计领导干部管护林、田、水等多类自然资源的履责情况，涵盖存量、质量、政策、资金等多方面，涉及多领域、多行业，点多面广，专业性、政策性强，审计机关及审计人员受专业背景的限制，对一些基础性数据和关键性指标的准确性、真实性无法准确判断，某种程度上制约了审计的深度和效果。

总体来看，编制自然资源资产负债表和开展自然资源资产审计工作重要且迫切，但由于自然资源资产的复杂性，加上法律法规和产权制度体系不完善，产权边界不清，自然资源与资产底数不清，技术规制与经济评价方法欠科学，技术储备不足等，其核算与审计结果的权威性、科学性大打折扣，短期内尚拿不出能被广泛认可的自然资源资产负债表，需要深入研究和调整思路，完善相关制度规定。

(四)综合监管制度

综合监管制度主要包括三部分内容：监测监管综合运用调查评价和动态监测等手段，掌握资源实际利用状况，并加强督促检查工作，如建设用地节约集约利用评价、土地督察、森林资源监督等；激励约束制度主旨在于运用行政、经济等手段对资源节约集约利用效果好坏进行奖惩；激励约束与考核制度相结合，形成正确导向，提高资源节约集约利用意识。2009年，浙江省出台了《浙江省"365"节约集约用地目标责任考核办法(试行)》(浙政办发〔2009〕27号)，将考核结果作为之后新增建设用地计划的依据，并纳入市、县(市、区)经济社会发展综合评价考核体系。

第四节　资源总量管理和全面节约制度

习近平同志在党的十八届中央政治局第六次集体学习时的讲话中指出,节约资源是保护生态环境的根本之策,生态环境治理必须从资源使用这个源头抓起。加强总量和强度控制,促进自然资源资产集约开发利用,根本目的在于促进经济发展与资源消耗脱钩。党的十九届四中全会从耕地、水资源、能源、天然林、海洋资源等领域阐明资源总量控制和全面节约制度,本节将分类展开论述。

一、资源总量管理和全面节约的现实背景与制度诉求

节约利用制度强调从"量"上进行源头严控,主要通过规划管理和总量控制,减少生产环节资源要素的总量投入和消费环节的资源耗竭。总量控制通常表现为资源管理中的数量红线,具体表现为约束性指标,如土地资源常见的有耕地保护红线、建设用地控制红线和生态用地保障红线等,矿产资源常见的有稀土矿和钨矿开采总量控制,另外还有流域和区域取用水总量控制、森林限额采伐、围填海造地年度计划等。"十三五"规划意见确定的 25 项主要指标中,约束性指标占了 13 项,资源环境类指标有 10 项,体现了中央对全面落实节约优先战略做出的重大部署。

集约利用制度强调从"质"上进行全过程管控,实质是依托于技术等手段提高资源利用率,推动资源利用方式转变,主要表现为国家通过标准控制、经济调节等,对资源利用的规模、布局、结构、用途和强度等予以引导。

面对日益严重的资源短缺,党的十六届四中全会提出了建设节约型社会的要求,作为中国相当长时间内经济社会发展的一项重大战略任务。此后,我国经历了由单项资源数量型控制向整体资源节约集约利用的演变的三个阶段。

　　"十一五"时期,单项资源约束指标纳入国民经济发展规划目标体系。"十一五"规划纲要首次将能耗强度纳入社会经济发展的约束性指标,提出单位国内生产总值能耗降低 20% 左右。2008 年,党的十七届三中全会提出要实行最严格的节约用地制度,从严控制城乡建设用地规模。2011 年发布的"十二五"规划纲要首次提出"落实节约优先战略",同年中央领导做出重要批示,要求加强土地资源节约和管理工作,使得经济社会发展与土地资源利用相协调。

　　"十二五"时期,资源节约利用上升为国家战略。2012 年,中央做出"发展是硬道理,节约是大战略"的指示,将资源节约利用变成国家战略。"十三五"规划意见中大篇幅阐述资源节约的重要性,并提出"加强全过程节约管理"。2013 年,习近平同志在党的十八届中央政治局第六次集体学习时的讲话中阐述了资源节约集约利用的基本要义,即加强全过程节约管理,控制资源能源消耗总量和强度;严格土地用途管制;发展循环经济。

　　《生态文明体制改革总体方案》等出台推动资源节约集约利用制度逐步细化。《生态文明体制改革总体方案》将"资源总量管理和全面节约制度"作为生态文明体制的八项核心制度之一,强调"构建覆盖全面、科学规范、管理严格的资源总量管理和全面节约制度",并将其主要内容概括为:完善最严格的耕地保护制度和土地节约集约利用制度、完善最严格的水资源管理制度、建立能源消费总量管理和节约制度、建立天然林保护制度、建立草原保护制度、建立湿地保护制度、建立沙化土地封禁保护制度、健全海洋资源开发保护制度、健全矿产资源开发利用管理制度、完善资源循环利用制度等。

　　进入新时代,资源约束趋紧问题突出,经济发展更强调质量和效益提升,对资源管理的要求转向总量、强度和用途多方面。党的十八届三中全会提出的自然资源用途管制制度,对能源、土地、水、矿产等各类自然资源的开发利用等经济活动进行制约,以满足国家、社会和人民生活的长久需求。目前，我国所有单门类资源均有本领域资源规划，包括土地、矿产、水、森林和草原规划以及海域使用区划与规划等。部分单门类资源已初步建立实施了节约利用标准体系，如土地使用标准、节地标准、节水标准等。经济调节主要通过运用资源税费金和价格杠杆，促进资源节约集约利用，如土地出让金、矿产资源补偿费、水资源费、阶梯水价、海域使用金等。党的十九大报告将资源节约利用与空间格局、产业结构、生产方式、生活方式相融合，以生产系统和生活系统循环链接推动资源全面节约循环利用。这是基于生态文明发展范式转型的高度，将资源节约利用作为推动生产方式和生活方式向绿色化转型的结合点。

二、陆域资源总量管理和全面节约制度

狭义的国土资源特指主权国家管辖范围内的自然资源，按照区域性可分为陆域自然资源和海域自然资源。陆域自然资源主要包括土地资源、矿产资源和水资源等；海域自然资源主要指海岸线、海滩、海岛和海洋水域等。能源是向自然界提供能量转化物质的特殊存在，分散在陆域和海域，因此下文单独予以阐述。

（一）土地资源管理制度

土地既是各类自然资源的载体，又是重要的自然资源和资产，按其利用类型可分为耕地、林地、草地、湿地、城镇居民用地和荒漠等。1978 年，安徽凤阳小岗村部分农民分田到户揭开了我国农村土地改革的序幕。1979 年，城市变革国有土地使用制度的探索始于我国以场地使用权作为出资兴办中外合资企业。1987 年，深圳市率先试行土地使用权有偿出让，土地拍卖"第一槌"标志着我国城市土地使用制度改革迈出了关键一步。此后，《宪法》《土地管理法》的修改，为土地有偿使用清除了法律障碍，市场配置比例不断加大。2001 年，国务院印发《关于加强国有土地资产管理的通知》，成为国有经营性土地由非市场配置到市场配置的分水岭。

2014 年起,我国先后开展了农村土地征收、集体经营性建设用地入市、宅基地制度 3 项改革试点。2017 年,中央出台了《关于加强耕地保护和改进占补平衡的意见》,实施了全民所有自然资源资产有偿使用制度改革;启动了建设用地使用权转让、出租、抵押二级市场试点。2018 年,《跨省域补充耕地国家统筹管理办法》《城乡建设用地增减挂钩节余指标跨省域调剂管理办法》开始实行。

在耕地保护制度方面,2015 年,农业部印发《耕地质量保护与提升行动方案》,要求树立耕地保护"量质并重"和"用养结合"理念,守住耕地数量和质量红线。2016 年,经国务院批准的《全国土地利用总体规划纲要(2006—2020 年)调整方案》明确了 2020 年全国及各省(区、市)耕地保有量、基本农田保护面积和建设用地总规模等用地指标。2016 年印发的《关于落实"十三五"单位国内生产总值建设用地使用面积下降目标的指导意见》明确,到 2020 年末各省(区、市)单位国内生产总值建设用地使用面积比 2015 年末下降不低于 20%,年度下降不低于 4.36%。通过改良土壤、培肥地力、保水保肥、控污修复等技术路径,到 2020 年全国耕地质量状况得到阶段性改善,到 2030 年实现总体改善。

在管理机构方面,1986 年,为加强对全国城乡土地的集中统一管理,国家土地管理局应运而生。1998 年,国务院机构改革决定组建国土资源部。2004 年,国务院确立省级以下国土资源垂直管理体制。2006 年,我国开始正式施行国家土地督察制度。2013 年,我国正式确立不动产统一登记制度,由国土资源部负责全国土地、房屋、草原、林地、海域等不动产统一登记工作。2018 年,自然资源部的组建,标志着包括土地在内的所有自然资源的调查监测和确权登记由多部门分散管理走向集中统一管理。

在立法层面,1986 年通过的《土地管理法》将我国土地管理纳入法律轨道;此后经 1988 年、1998 年和 2004 年修订(正),先后确立了国有土地使用权有偿使用、最严格的耕地保护制度以及国家征收与征用的体系。2019年新修订的《土地管理法》通过立法赋予集体经营性建设用地入市权利,实现同地同价同权;首次明确界定了土地征收的六种公共利益情形;并允许进城落户的农村村民自愿有偿退出宅基地,加快土地改革市场化。

土地改革40年来,土地管理从多部门分头管理到一个部门统一管理,从土地无偿划拨到有偿出让,从粗放低效利用到节约集约利用。市场在土地资源配置中的决定性作用逐步发挥,土地要素市场成为社会主义市场体系基础性组成部分,土地要素红利不断释放,成效十分显著。下一步更需促进全民所有自然资源资产所有者职责推进落实到位,坚持最严格的节约用地制度,服务经济社会发展大局。

(二)水资源管理制度

我国水资源供需矛盾突出,人均水资源占有量仅为世界平均水平的28%;水资源时空分布不均,正常年份全国缺水量达500多亿立方米,近2/3城市不同程度缺水。加强水资源节约利用,关乎基本生存条件、生态安全和经济安全。

在制度建设层面,2012年,国务院印发的《关于实行最严格水资源管理制度的意见》成为我国水资源管理的总纲。在中央财经领导小组第五次会议和第九次会议上,习近平同志提出"加强水资源需求管理""节水优先、空间均衡、系统治理、两手发力"的基本方针。2018年,水利部、国家发改委等印发《关于水资源有偿使用制度改革的意见》,从水资源费征收、水资源税改革和水权交易等方面推动水资源有偿使用制度改革。2019年,国家发改委、水利部印发的《国家节水行动方案》,对总量、强度、工农业、城镇和重点地区节水行动做出统筹部署,并提出了到2035年全国用水总量控制在7000亿立方米以内的标准。

在实践层面,自2002年起我国就开展了节水型社会建设试点,在水价形成机制、节水产业、节水服务体系、评价指标体系等方面探索经验;2013

年、2014年水利部先后设立了105个水生态文明城市建设试点,探索不同水生态类型的城市治理模式。2013年起设立的海绵城市试点,强调发挥自然的调节力量,保持水生态系统良性循环。"十三五"期间,"以水定产、以水定城"的最严格水资源管理制度考核工作开始实行。新时期的长江经济带大保护和黄河流域生态保护更突出了将水作为刚性约束的发展和治理理念。

未来在水资源总量和强度控制方面,应着重细化各行业节水标准,加强水资源监测;推进大江大河治理,统筹落实地上地下、流域间水资源控制指标。发挥市场手段在水资源节约集约利用上的引导作用,完善城镇居民用水阶梯水价制度;构建水权交易体系,探索建立分级行使所有权的体制,创新水权流转方式。

(三)矿产资源管理制度

多部门对矿产资源、能源、再生资源工业污染物等领域编制标准规范,进一步强化环保约束,规范管理。我国具有查明资源储量的矿产173种,因赋存条件、矿石类型、选冶工艺等千差万别,"三率"(开采回采率、选矿回收率、综合利用率)指标需要根据矿产资源赋存特征、开采工艺的不同分矿种制定。国土资源部在2012年发布实施煤炭、金矿、磷矿、高岭土和钒钛磁铁矿五矿种"三率"指标要求的基础上,连续三年先后发布了铁、铜、铅、锌、稀土、钾盐、萤石等七矿种(2013年),锰、铬、铝土矿、钨、钼、硫铁矿、石墨和石棉等八矿种(2014年),及油气资源、镍、锡、锑、石膏和滑石等矿种(2015年)的"三率"指标要求。

按照重要矿种全覆盖的原则,"十三五"期间还将陆续研究制定25个矿种的"三率"指标要求,为企业开采矿产资源划定"红线"。下一步将开展指标评估、考核,引导矿山企业不断提高我国矿产资源利用水平。

三、海洋资源保护和开发制度

海洋生态环境是海洋生物生存的基本条件,保护和开发利用我国300万平方千米的海域意义重大。我国政府历来重视海洋资源开发利用与生态环境保护工作,宪法中也明确规定了资源开发利用和生态环境保护、防治环境污染和其他公害的权利和义务。改革开放以来,我国先后制定发布了一系列有关海洋资源开发与环境保护的法律法规,主要包括《海洋环境保护法》(1982)、《渔业法》(1986)、《野生动物保护法》(1988)、《水法》(1988)、《水土保持法》(1991)、《海域使用管理法》(2001)、《海岛保护法》(2009)等。在此基础上,还出台了一系列与海洋资源密切相关的行政管理法规,包括《水产资源繁殖保护条例》(1979)、《水生野生动物保护实施条例》(1993)、《海洋自然保护区管理办法》(1995)、《野生植物保护条例》(1996)等;积极参与国际合作,相继签署了《联合国海洋法公约》《生物多样性公约》《国际湿地公约》等多个与海洋资源开发利用密切相关的国际公约;并出台了《围填海管控办法》(2017)和《关于加强滨海湿地保护严格管控围填海的通知》(2018),严管严控围填海政策逐步完善。

目前,我国海洋资源节约利用制度重点内容包括:一是构建基于生态系统的海洋功能区划管理体系,全面实施围填海总量控制制度和自然岸线保有率管控制度。二是拓展海洋发展空间。积极发展海洋战略性新兴产业,加强海洋资源节约集约利用,合理控制近岸海水养殖规模,提高海域空间资源的使用效能。三是控制近岸海域开发强度和规模。逐步建立近岸海域资源利用的差别化管理制度体系,推动深远海适度开发,加大海域油气资源勘查开发力度,增储增产。四是推动海水淡化与综合利用,加强无居民海岛开发管理。

未来,海洋资源开发和保护应着重从以下几方面着手:一是完善海洋功能区划,落实海洋主体功能定位。二是转变海洋经济发展方式。严格禁止围填海,实行自然岸线控制制度。在适宜开发的海洋区域,积极发展海洋药物、重大海洋工程装备等战略性新兴产业。三是保护海洋生态环境,统筹海洋环境治理、海域海岛综合整治以及海洋生态保护和修复,最大限度减少对海域生态环境的不利影响。

四、能源总量管理和全面节约制度

在能源革命进程中,节能和提高能效被放在第一位。1996 年 5 月,国家计委、国家经贸委和国家科委联合制定了《中国节能技术政策大纲》,提出各行业节能技术方向和目标。1997 年,《节约能源法》颁布实施,为节能行动提供了法律依据。

"能源革命"完整内涵的阐释源于 2014 年中央财经领导小组第六次会议,会议指出从能源消费、能源供给、能源技术、能源体制和能源安全五个方面开展能源革命。同年国务院办公厅出台了《能源发展战略行动计划(2014—2020 年)》,从能源自主供给、能源替代、转变能源消费结构、国际合作和科技创新与配套政策等方面推动能源发展转型。

在能源总量和强度控制目标上,从"十一五"规划到"十三五"规划皆提出单位 GDP 能耗控制目标。2016 年,国家发改委、国家能源局印发的《能源生产和消费革命战略(2016—2030)》描绘了能源革命的具体路线图,制定了分阶段能源总量控制目标:到 2020 年以化石能源清洁化为核心内容,全面启动能源革命体系布局;到 2030 年前,能源消费总量控制在 60 亿吨标准煤以内,非化石能源占比达到 20% 左右;到 2050 年非化石能源占比超过一半,建成能源文明消费型社会。

实践层面,在山西开展能源革命综合改革试点,在生产侧推进传统化石能源"减、优、绿"利用,推动煤炭转化、煤与煤层气共采等技术创新;在消费侧推进能源商品流通机制变革,以推动能源革命来探索资源型地区转型经验。

如今,我国作为世界第一能源消费大国和第一碳排放总量大国,面临着巨大的能源转型压力,应将能源革命与气候治理相结合,严格化石能源消耗,继续推进煤改气、煤改电等工程,实现清洁安全高效利用;推进智能电网建设,加快发展新能源汽车等,加强配套基础设施建设和推广普及力度,提升参与国际分工的水平。

第三章　健全生态保护和修复制度

党的十九届四中全会明确提出，要健全生态保护和修复制度。统筹山水林田湖草一体化保护和修复，加强森林、草原、河流、湖泊、湿地、海洋等自然生态系统保护。加强对重要生态系统的保护和永续利用，构建以国家公园为主体的自然保护地体系，健全国家公园保护制度。加强长江、黄河等大江大河生态保护和系统治理。开展大规模国土绿化行动，加快水土流失和荒漠化、石漠化综合治理，保护生物多样性，筑牢生态安全屏障。除国家重大项目外，全面禁止围填海。

山水林田湖草是生命共同体，在生态保护与修复工作中，必须以系统思维推进系统工程。从 2016 年出台的《关于健全生态保护补偿机制的意见》《探索实行耕地轮作休耕制度试点方案》《关于加快建立流域上下游横向生态保护补偿机制的指导意见》，到 2019 年颁布的《关于促进林草产业高质量发展的指导意见》《关于建立以国家公园为主体的自然保护地体系的指导意见》等，相关政策的实施与推行，充分体现了我国在推进生态文明建设方面的力度与决心。

第一节　山水林田湖草的保护与修复

生态是统一的自然系统，是不同形式的各种自然要素相互联系、相互影响、相互依存而实现循环的自然链条;由山水林田湖草组成的系统各个要素之间,存在着复杂的相互依存、相互促进、相互制约的关系。习近平同志指出:"我们要认识到,山水林田湖是一个生命共同体,人的命脉在田,田的命脉在水,水的命脉在山,山的命脉在土,土的命脉在树。用途管制和生态修复必须遵循自然规律,如果种树的只管种树、治水的只管治水、护田的单纯护田,很容易顾此失彼,最终造成生态的系统性破坏。""生命共同体"理念要求从过去的单一要素保护修复转变为以多要素构成的山水林田湖草系统治理与保护修复。在具体的生态保护与修复工作中,以矿山环境治理恢复、土地整治与土壤污染修复、流域水环境保护治理、区域生态系统综合治理修复等为重点内容,以景观生态学方法、生态基础设施建设、近自然生态化技术为主流技术方法,因地制宜设计实施路径。同时,在我国重点区域实施重大生态系统保护和修复工程,健全完善山水林田湖草系统治理和保护管理制度,以生态系统治理体系和治理能力现代化提升生态系统健康与永续发展水平,不断满足人民日益增长的优美生态环境需要。

一、山水林田湖草系统修复

2013年11月,习近平同志在《关于〈中共中央关于全面深化改革若干重大问题的决定〉的说明》中提出了"山水林田湖是一个生命共同体"的理念,指出生态系统的破坏是过去在认识和方法上缺乏整体性和系统性造成的。2017年7月,在《建立国家公园体制总体方案》中又将"草"纳入其中,将山水林田湖草视为一个生命共同体,使得生命共同体的内涵得以进一步完善。2017年10月,党的十九大报告中提出山水林田湖草需要统筹管理、系统治理,从制度框架上进一步扩展了生态环境治理与修复的理论体系。

而在山水林田湖草的保护与修复工作中,必须深刻认识到生态系统的整体性与系统性特征,以生态系统方式的思路进行多目标的综合管理才能从根本上取得成功。与传统管理方式相比,生态系统方式以维护生态系统健康为核心,统筹管理资源与环境、污染防治与生态保护,重视保护生态系统的整体性和多重服务价值;在管理方式上,以公共利益最大化为核心,进行多目标管理的综合管理,通过综合决策、统一规划和行动,实现跨部门、跨行政区域之间的合作治理。

山水林田湖草系统治理具有整体性、系统性、尺度性与协调性等特征。整体性表现在山水林田湖草组成了一个相互之间具有空间结构、物质交换、能量流动的关系整体,关联紧密而又相互影响;系统性则体现为山水林田湖草的保护与治理必须统筹考虑,只有系统保护、宏观管控、综合治理才能实现增加生态功能、维护生态平衡的目标;尺度性是指山水林田湖草的保护与修复需要分析评价不同尺度景观格局下,生物迁移、污染物传输等诸多生态过程的相互关系和影响,按照"源—廊道—汇"生态过程调控原理,因地制宜采取加速、延缓、阻断、过滤、调控等管理和技术工程手段,实施系统性保护修复;协调性主要强调的是山水林田湖草之间的发展应是协调的,只有统筹协调好各要素之间的关系,才能确保生态系统功能得到充分发挥。

为切实推进我国生态系统的保护与修复工作,自党的十八大以来,中央及相关部委出台了一系列的法规、政策与制度,分别从矿山、天然林、草原、耕地、跨流域的河湖等方面积极探索治理方案与管护措施。目前,跨流域跨地区的水生态系统治理通过大江大河的修复以及生态保护补偿试点等制度的实施已取得了较好的成效,天然林保护工程的成功实施也让我国天然林得到了有效的休养生息,草原与矿山的治理还在进一步的完善当中,而耕地的保护与修复则仍处于需要各地严格控制增量用地、积极盘活存量用地、节约集约用地的状况,以确保我国耕地的安全。

二、陆域生态系统的治理与修复

中国地大物博,蕴含着丰富的陆域资源,拥有天然林资源 29.66 亿亩、草原面积近 60 亿亩,同时也是世界上矿产资源最为丰富的国家之一。陆域资源在我国经济社会的快速发展中发挥着不可替代的基础性作用,但与此同时,由于环保理念的缺失以及对物质财富增长的过分追求,陆域资源被掠夺性开采、使用,严重破坏了当地的环境质量与生态系统,导致了一系列的生态环境问题,明显制约了我国经济社会的进一步发展,必须积极开展治理与修复工作。

(一)陆域生态系统修复的历史沿革

1. 矿山修复方面

2015 年 4 月 25 日,中共中央、国务院印发《关于加快推进生态文明建设的意见》,提出要发展绿色矿业,加快推进绿色矿山建设,促进矿产资源高效利用,提高矿产资源开采回采率、选矿回收率和综合利用率;开展矿山地质环境恢复和综合治理,推进尾矿安全、环保存放,妥善处理处置矿等大宗固体废物。2015 年 9 月,中共中央、国务院印发《生态文明体制改革总体方案》,进一步提出要健全矿产资源开发利用管理制度。2016 年 10 月,环境保护部制定《全国生态保护"十三五"规划纲要》,要求推动历史遗留矿山生态修复,加强矿山地质环境保护与生态修复。

2. 林业修复方面

我国林业从以木材生产为主向以生态建设为主的转变是从 1998 年党中央、国务院决定实施天然林资源保护工程开始的,这标志着我国最宝贵的天然林资源得到了有计划的保护。2015 年 4 月 25 日印发的《关于加快推进生态文明建设的意见》,明确提出"加强森林保护,将天然林资源保护范围扩大到全国";2015 年 9 月印发的《生态文明体制改革总体方案》,提出要"建立天然林保护制度,将所有天然林纳入保护范围";2015 年 10 月 29 日,党的十八届五中全会进一步明确要"完善天然林保护制度,全面停止天然林商业性采伐,增加森林面积和蓄积量";2018 年 1 月 2 日,中共中央、国务院印发《关于实施乡村振兴战略的意见》，进一步提出"完善天然林保护制度，把所有天然林都纳入保护范围"；2018 年 6 月 16 日，中共中央、国务院印发《关于全面加强生态环境保护 坚决打好污染防治攻坚战的意见》，再次强调要"全面保护天然林"；2019 年 7 月 12 日，中共中央办公厅、国务院办公厅印发《天然林保护修复制度方案》，并就天然林保护修复具体提出了完善天然林管护制度、建立天然林用途管制制度、健全天然林修复制度、落实天然林保护修复监管制度等四方面重大举措。

3. 耕地保护方面

2015 年 9 月，中共中央、国务院印发《生态文明体制改革总体方案》，明确提出完善最严格的耕地保护制度和土地节约集约利用制度，要求完善基本农田保护制度，划定永久基本农田红线，按照面积不减少、质量不下降、用途不改变的要求，将基本农田落地到户、上图入库，实行严格保护。2016 年，农业部、国家发改委、财政部、国土资源部等部门联合推行耕地轮作休耕试点方案，减少人为的干预，避免向土地过度索取，以保障土壤的可持续利用，全面提升农业供给体系的质量和效率。

4. 草原修复方面

2015 年，中央制定的《关于加快推进生态文明建设的意见》，进一步要求到 2020 年"草原综合植被覆盖度达到 56%"，将我国最大的陆地生态系统、约占全国国土总面积五分之二的草原的保护与修复工作作为生态文明建设中的重要内容与任务。2015 年，中共中央、国务院印发《生态文明体制改革总体方案》，要求确保基本草原面积不减少、质量不下降、用途不改变。2016 年，国家发改委、财政部、农业部等八部门联合印发《耕地草原河湖休养生息规划(2016—2030 年)》，要求按照节约优先、保护优先、自然恢复为主的方针，做到取之有时、取之有度，逐步恢复自然生态和资源承载力。

(二)陆域生态系统修复的主要难点

1. 矿山方面

中投顾问发布的《2017—2021年中国矿山生态修复行业深度调研及投资前景预测报告》指出，目前我国矿山的复垦率不足10％，与国外大多数国家的50％以上的土地复垦率相比差距巨大。具体而言，我国矿山修复的主要难点表现在以下五点。

第一，制度体系不健全。尚未形成专门针对矿山区域生态保护与环境治理的制度体系，使得监管缺乏法律制度依据，造成矿山企业没有污染治理与生态修复的积极性、主动性与自觉性，在利益的驱动下，一些矿山企业肆意破坏生态环境，掠夺性地开采资源，导致了生态功能的急剧退化。

第二，主体责任不明晰。过去矿山企业普遍缺乏环保意识，也没有相应的制度规范矿山企业必须承担治理和修复环境污染的责任，在矿山企业关停、退出后，留下了大量的遗留问题，导致治理中各相关主体相互推诿现象时有发生。

第三，修复资金不到位。在制度不健全的情况下，矿山企业通常在环境治理方面投入不足，财政资金与社会资金也无法进入企业治理与修复工作中，导致矿区生态治理与修复的资金得不到保障，造成治理与修复进展缓慢。

第四，治理目标不全面。矿山生态环境的治理与修复仍以单点治理、简单绿化为主，没有形成山水林田湖草系统性、整体性的治理与修复，缺乏全面的治理与修复规划体系，不能够满足整体生态环境质量改善的要求。

第五，用地政策不完善。矿山企业的用地周期不合理，采矿生产周期完成后不能有效地将用地退还，导致土地闲置，造成浪费。根据相关规定，采矿用地最长使用周期为50年，而很多采矿作业仅有五年左右，矿山企业在完成采矿后，用地时长却没有结束，也不能及时地将批准用地退还，只能将之闲置,不仅造成了土地资源的浪费,同时也为矿山区域的生态环境治理与修复带来了难题。

2. 林业方面

我国天然林长期遭到过度采伐,数量少、质量差、退化严重、分布不平衡,生态系统脆弱,是生态文明和美丽中国建设的短板。全面保护和系统恢复天然林还面临着资金不足、基础设施建设滞后、管理体制不健全、创新能力不足等问题。

3. 耕地方面

随着经济的快速发展,城镇化与工业化水平的不断提高,土地资源显著紧张,耕地红线的压力日益增大。在耕地保护与修复中,我国面临的问题主要有以下三方面。

第一,耕地资源不足。随着经济的快速发展,工业用地、城镇建设用地需求不断增加,造成土地资源的进一步紧张与短缺,耕地被占用的现象时有发生,部分地区盲目追求经济效益,对违规占用耕地的情况不能严格把控,规划中也有耕地资源乱用的情况出现,导致我国原本不足的耕地资源愈加紧张。与此同时,农业发展中畜牧业、养殖业快速增长,用地需求不断提高,导致对耕地的占用,耕地的种植功能被破坏,造成耕地资源损失。

第二,耕地使用效率不高。发展落后地区,特别是贫困地区的耕地使用效率普遍不高。一方面,劳动力进城务工、追求更高收入造成农业劳动力不足,耕地闲置或产出不高;另一方面,由于缺乏保护意识和相关知识,耕地被滥用农药化肥的情况时有发生,导致土地肥力下降、土壤受到污染,造成了耕地使用效率不高的后果。

第三,耕地保护监管不力。耕地保护的法律体系与制度体系不完备,监管不到位,相关技术标准不健全,造成了对我国耕地资源的保护不力。在缺乏制度监管的情况下,出于对短期经济效益的过分追求,地方政府可能会对招商引资中可能损害耕地资源的情况没有严格审核,企业可能会发生侵占耕地的行为,农业劳动者可能会滥用农药化肥以获取短期经济收入,这些行为都会造成耕地资源的浪费。

4. 草原方面

我国草原生态保护欠账较多,人草畜矛盾依旧存在,草原生态系统整体仍很脆弱,生态和环境保护形势依然严峻。具体而言,草原的治理与修复中主要面临以下难点。

第一,草原数量减少、质量下降。第二次全国土地调查时的草原面积减少了10亿多亩,不少地方的草原大幅减少甚至消失。与20世纪80年代相比,目前我国90%的天然草原存在不同程度的退化,其中中度和重度退化草原占三分之一以上。据监测,当前牧区草原的平均产草量仍比80年代低20%左右。

第二,转变草原畜牧业生产方式比较困难。保护草原生态,必须转变靠天养畜的传统畜牧业生产方式,减少放牧牲畜数量,减轻草原放牧强度,增加舍饲圈养比例。但面临诸多困难:一是牧民的传统思想观念需要一个较长的转变过程。四季转场放牧,逐水草而居,是沿袭千百年的传统生产生活习惯,已经融入牧民的血液和基因。变游牧为圈养,牧民思想上不接受,生活上不习惯。二是牧民的知识技能不适应。大多数牧民文化程度不高,除放牧外没有别的技能。实行舍饲圈养后,牧民普遍缺乏牧草种植、饲草调制、营养搭配等种植养殖新技术,以前放牧的老行家变得不会养畜了。三是饲草饲料供不上。以前放牧是牲畜自己在野外找草吃,实行圈养后需要牧民为牲畜备草备料。而我国人工草地建设速度缓慢,人工草地面积占天然草原总面积的比例不到3%。饲草饲料供给不足,牧民"夜牧""偷牧""盗牧"现象时有发生。四是棚圈建设跟不上。牲畜棚圈建设投资较大,大多数牧民无力进行建设,牲畜棚圈等基础设施建设滞后。

第三,草原监督管理力量薄弱。草原面积最大,监管机构却最为薄弱。

13个草原省区仅设立县级草原监理机构200多个,其中单独设立的机构不到一半;县级草原监理人员仅3400多人,平均约100万亩草原才有1名监理人员管理。机构弱、人员少,要管理好每一片草原,确实力不从心。

(三)陆域生态系统修复的推进与成效

1. 矿山方面

国家大力推进矿山生态修复、绿色矿山和矿山公园建设。2017年,全国新增矿山修复治理面积约4.43万公顷,总共治理矿山6268个。在具体的治理措施中,依据矿山不同开采时期的技术特点和自然环境等因素,制定和调整相应的复垦和生态修复方案,做到采矿与生态修复的一体化、同步化,最终实现矿山生态功能的修复。

第一,土壤治理。矿山对生态环境最为严重的破坏之一就是对土壤的负面影响,采矿会导致土壤的性状发生变化,造成肥力下降、养分丢失、有害物质含量增加等后果,从而使土壤的生态功能退化或丧失。因此,对矿山所在区域的土壤进行治理与修复是矿山生态保护修复当中最为重要的部分之一。目前,我国对土壤进行治理主要有三种方法:一是移土。从其他地区取适量优质土壤,移至矿山区域,并在移来土壤中种植植物,通过生物作用进行固化,在植物的生长、降解、蒸腾、吸收、根滤等过程中,实现对矿山受损土壤的治理与修复。二是增肥。对矿山区域被破坏的土壤添加有效物质,使土壤的物理化学性质得到改良,从而缩短植被演替过程,有利于生物修复作用的充分发挥,进一步加快矿山废弃地的生态重建。三是封存。对于矿山区域受污染的土壤进行灌浆,让泥浆包裹住土壤中的废渣等有害物质,再在其上铺一层黏土并压实,形成有效隔水层,减少地面水的下渗,防止废渣中剧毒元素的释放。

第二,植被修复。矿山复绿是效果最好的治理方式,尤其是对于遭到重金属污染的矿山区域而言,利用植被种植这种生态方式进行修复成本更低、成效更佳。目前,采用这种治理方式时,多选取金属耐性佳的植物种类,它们能够很好地适应受损土壤的生长环境,成活率高、生长速度较快,能够有效地缩短矿山的修复时间。具体操作中,可以直接在矿山区域进行植被栽种,成本低、难度小,但治理修复周期较长;也可以进行移地栽种,成本高于直接覆盖,但见效快,也是目前使用得更为普遍的修复方式。

第三,边坡治理。边坡在矿山的开发与修复中都非常重要,边坡若出现不稳定现象,会导致山体滑坡、山体坍塌等灾难,从而造成人员与设施的损伤,因此矿山修复工作中首先需要注意对边坡的治理。目前,我国对矿区的边坡治理主要采用生物护坡法,即利用生物(主要是植物),单独或与其他构筑物配合对边坡进行防护和植被恢复的一种综合技术。在具体的治理中,一是需要尽量保持矿山路面的平整性;二是应对悬崖部分进行修整,清除危石、降坡削坡,将未形成台阶的悬崖尽量构成水平台阶,把边坡的坡度降到安全角度以下,以消除崩塌隐患;三是对清理好的边坡进行绿化、固化处理,通过种植植物,在进一步保障边坡稳定性的同时达到美化环境的效果。

第四,尾矿治理。尾矿是选矿中分选作业的产物,是选矿中有用但由于目标组分含量较低而无法用于生产的部分。虽然在当时的技术条件下,无法成为生产材料,但随着科技的发展,仍有进一步再利用的经济价值,因此不能将其视为废弃物进行处理。目前,我国主要采取的治理方法是先采用先进技术与合理工艺对尾矿进行再选,最大限度地将其中有用部分利用起来,然后再将剩余尾矿作为充填料对矿井下的采空区进行填充,以使尾矿在整体的矿山开发中达到最优的利用水平。除此之外,还可以将尾矿作为建筑材料的原料来制作水泥、硅酸盐尾砂砖、瓦、加气混凝土、铸石、耐火材料、玻璃、陶粒、混凝土集料、微晶玻璃、溶渣花砖、泡沫玻璃和泡沫材料等,也可以用作路基/路面材料、防滑材料、海岸造田等,从而达到废物再利用的最终目的。

2. 林业方面

自 1998 年以来,天然林保护工程不断推进,从试点到一期再到正在实施中的二期,20 多年不懈的努力,让我国天然林面积达到了 29.66 亿亩,占全国森林面积的 64%、森林蓄积量的 83% 以上。天保工程区累计完成公益林建设任务 2.75 亿亩、中幼林抚育 1.85 亿亩、后备资源培育 1108 万亩,19.44 亿亩天然乔木林得以休养生息。

第一,完善天然林管护制度。在对全国所有天然林实行保护的基础上,依据国土空间规划划定的生态保护红线以及生态区位重要性等指标,确定天然林保护重点区域,实行分区施策。建立天然林保护行政首长负责制和目标责任考核制。根据天然林保护修复规划、实施方案、管护责任协议书,逐级分解落实天然林保护修复责任与任务。加强天然林管护站点建设、管护网络建设、灾害预警体系建设、护林员队伍建设和共管机制建设。

第二,建立天然林用途管制制度。全面停止天然林商业性采伐,让森林休养生息。对纳入保护重点区域的天然林,禁止生产经营活动。利用有利条件培育大径材和珍贵树种,维护国家木材安全。严管天然林地占用,严格控制天然林地转为其他用途。

第三,健全天然林修复制度。尊重自然规律,根据天然林演替和发育阶段,科学实施修复措施,遏制天然林退化,提高天然林质量。强化天然中幼林抚育,促进形成地带性顶级群落。加强生态廊道建设。鼓励在废弃矿山、荒山荒地上逐步恢复天然植被。

第四,落实天然林保护修复监管制度。加大天然林保护年度核查力度,将天然林保护修复成效列入领导干部自然资源资产离任审计事项,作为地方党委和政府及领导干部综合评价的重要参考。建立天然林资源损害责任终身追究制。

3. 耕地方面

2016 年 5 月 20 日,《探索实行耕地轮作休耕制度试点方案》由中央全面深化改革领导小组第二十四次会议审议通过。提出力争用3～5年时间,初步建立耕地轮作休耕组织方式和政策体系,集成推广种地养地和综合治理相结合的生产技术模式,探索形成轮作休耕与调节粮食等主要农产品供求余缺的互动关系。

第一,轮作。重点在东北冷凉区、北方农牧交错区等地开展轮作试点,推广"一主四辅"种植模式。"一主":实行玉米与大豆轮作,发挥大豆根瘤固氮养地作用,提高土壤肥力,增加优质食用大豆供给。"四辅":实行玉米与马铃薯等薯类轮作,籽粒玉米与饲草作物轮作,玉米与耐旱耐瘠薄的杂粮杂豆轮作,玉米与油料作物轮作。

第二,休耕。在严重干旱缺水的河北省黑龙港地下水漏斗区(沧州、衡水、邢台等地),连续多年实施季节性休耕,实行"一季休耕、一季雨养",将需抽水灌溉的冬小麦休耕,只种植雨热同季的春玉米、马铃薯和耐旱耐瘠薄的杂粮杂豆,减少地下水用量。在湖南省长株潭重金属超标的重度污染区,在建立防护隔离带、阻控污染源的同时,采取施用石灰、翻耕、种植绿肥等农艺措施,以及生物移除、土壤重金属钝化等措施,修复治理污染耕地。连续多年实施休耕,休耕期间,优先种植生物量高、吸收积累作用强的植物,不改变耕地性质。经检验达标前,严禁种植食用农产品。在西南石漠化区(贵州省、云南省)、西北生态严重退化地区(甘肃省),调整种植结构,改种防风固沙、涵养水分、保护耕作层的植物,同时减少农事活动,促进生态环境改善。在西南石漠化区,选择25度以下坡耕地和瘠薄地的两季作物区,连续休耕三年;在西北生态严重退化地区,选择干旱缺水、土壤沙化、盐渍化严重的一季作物区,连续休耕三年。

4. 草原方面

党的十九大报告要求健全耕地草原森林河流湖泊休养生息制度,这是生态文明建设理论的新发展,也是对草原生态环境保护认识上的新突破和工作上的新要求。要坚持节约优先、保护优先、自然恢复为主的方针,落实生态保护补助奖励政策,健全休养生息制度,推动畜牧业发展方式转型升级,加快形成草原地区生态改善、生产发展、农牧民富裕的良好局面。

三、水生态系统的治理与修复

生态环境是最具外部性的公共产品,其收益的非排他性与非竞争性决定了环境治理无法通过市场机制得到有效供给,而在跨流域跨地区的生态保护与修复中,也因为涉及不同行政区域而同时存在多方责任主体,在环境外部性的影响下,造成了"九龙治水、各自为政"的现象普遍存在。水生态系统尤其是大的江河湖泊通常具有跨流域跨地区的特征,它们在为经济社会发展发挥着不可替代的资源功能、生态功能和经济功能的同时,也受到了不同程度的污染侵害,但在治理与修复中却因为不同行政区域的理念不一、诉求不同、各自为政、各自施策而难有成效。为切实解决这一难题,中央制定出台了《关于健全生态保护补偿机制的意见》《"十三五"生态环境保护规划》《关于全面推行河长制的意见》《关于加快建立流域上下游横向生态保护补偿机制的指导意见》等政策措施,要求完善重点区域污染防治联防联控机制、加强水生态修复,党的十九届四中全会也明确提出了"加大对长江、黄河等大江大河的生态保护和系统治理"的要求,为我国跨流域跨地区的生态保护与修复提供了制度保障。

(一)水生态系统修复的主要难点

水是生命之源、生产之要、生态之基。水生态系统的健康与稳定,事关人类生存、经济发展、社会进步。要取得全面建设小康社会的新胜利,必须下决心加快水生态系统的治理与修复,切实增强水资源的支撑保障能力,实现水资源的可持续利用。

目前,我国总体用水效率有所提升,供用水结构逐渐优化,但仍面临水质污染严重等问题。主要体现在以下几方面。

1. 江河湖泊整体污染严重

一些城市周边的湖泊大多处于富营养状态,很多湖泊已经丧失了供水、旅游、水产等功能。我国七大水系中,只有珠江、长江总体水质较好,松花江为轻度污染,黄河、淮河为中度污染,辽河、海河为重度污染。

2. 局部海域污染严重

四大海区近岸海域中,渤海为轻度污染,东海为重度污染。近年来,由于营养物过剩,沿海的赤潮也偶有发生,近海海域污染呈现扩大的趋势。

3. 地下水资源水质不断恶化

由于过度开采,地下水水位大幅下降,过度开采地下水引发了地面塌陷,且水质也在不断恶化。

为进一步加强对我国水生态系统的治理与修复,党的十九届四中全会中明确提出要"加强长江、黄河等大江大河生态保护和系统治理",积极开展水生态系统修复,以筑牢生态安全屏障。

(二)长江的治理与修复

长江,中国第一、世界第三大河流。长江流域横贯我国中部,流域面积大,涉及行政区域广、人口众多。所蕴藏的巨大水利资源为流域经济社会的发展提供了重要支撑,为我国现代化建设做出了巨大贡献。但与此同时,长江流域水环境问题也日益突显:防洪抗旱形势仍然严峻,水利资源节约、开发利用与保护的矛盾加剧,水土流失依然严重,水污染和水生态环境日趋恶化等问题,已对流域内人民的生活生产带来较大的影响。随着党中央、国务院关于"依托黄金水道,推动长江经济带发展"和"长江中游城市群发展规划"战略的实施,流域内城镇化水平将进一步提高,经济建设将进一步加快,长江流域经济社会发展和流域水环境安全保护的矛盾也将更加突出。

1. 长江修复的背景

长江发源于我国青藏高原唐古拉山各拉丹东峰西南侧。干流流经青海、西藏、四川、云南、重庆、湖北、湖南、江西、安徽、江苏、上海等 11 个省（自治区、直辖市），全长 6397 千米。其支流众多，流域面积大于 8 万平方千米的支流就有八条之多，支流延伸至甘肃、贵州、陕西、河南、广西、广东、浙江、福建等八个省区。流域总面积 180 万平方千米，占国土面积的 18.8%。长江流域内湖泊众多，总面积达 17093.8 平方千米，最大的依次是鄱阳湖、洞庭湖、太湖，其面积均大于 1000 平方千米。另外长江流域内还分布有大量的湿地，总面积达 8 万平方千米。

干流、支流、湖泊、湿地共同构建出长江水系，覆盖我国整个中部，横贯东中西的广大区域。流域内自然地理环境和经济社会发展差异较大。上游区域海拔高、气温低，多雪山高原、高山峡谷，水流湍急，水土流失严重，生态环境脆弱；中下游区域海拔较低、气候温和，以丘陵平原为主，地形较平坦，土地肥沃，江水宽深，水流平缓，是鱼米之乡。流域内洪涝干旱并存，水资源时空分布不均，社会经济发展极不平衡。上游是我国目前经济欠发达地区，中游为我国经济发展区，下游是我国经济发达区。

2. 长江修复中的主要难点

几十年来，长江流域在经济社会发展的同时，对长江流域的治理、开发利用和保护也取得了丰硕成果，保证了长江总体是一条基本健康的河流，但仍然存在一些迫切需要解决的问题。

(1)防洪抗旱形势依然严峻

新中国成立以来，对长江防洪抗旱的治理一直是流域管理的工作重点。通过修建三峡水利枢纽等一大批大中型水库和江河重点堤防工程，长江干流和部分重要支流的防洪能力大大加强；通过修建一大批大中小型蓄水水库及调引水（提灌）工程，应对抗旱的能力有大的提高。但全流域防洪抗旱的形势依然严峻:长江干流应对流域特大洪水(百年一遇以上洪水)能力不足,长江各支流防洪体系尚未建立,沿江河城镇内涝年年出现,水淹冲毁农田时常发生,蓄滞洪区建设滞后,流域内应对抗旱能力不足、设施不全,每年都给流域内人民生命财产造成巨大损失,影响经济社会的发展。

要解决这些问题需要从法律角度按照行政区域管理服从流域管理的原则,对流域内防洪抗旱实行统一规划、统一调度、统一管理,对包括重点防洪抗旱工程建设与运行调度、防洪抗旱信息预报与监测、防洪抗旱应急管理等方面做出统一的部署和安排,对流域与行业、与区域的事权关系做出界定,促进流域内工程与非工程措施为主的长江防洪抗旱减灾能力的加强和体系的进一步完善。

(2)流域节水与水资源可持续利用问题不可忽视

长江流域水资源量巨大,但在时间和空间上的分布差异大,造成在流域内水资源分布不均。时间上,全流域受季风气候影响,流域水资源量在年际间差异明显,且易出现连续丰水年或连续枯水年的情况。1956—2000年,最大的 1998 年达 13045 亿立方米,最小的 1978 年仅 7577 亿立方米,丰枯比值达 1.7。在一年中水资源量差异也很大,60%~80%的地表径流量集中在 6—9 月的汛期。空间上,地区间水资源量差异更大:流域内单位国土面积(平方千米)水资源量最大的为鄱阳湖 94.6 万立方米,最小的是金沙江石鼓以上地区,仅为 19.3 万立方米,相差 3.9 倍。因此,天然存在的差异造成流域内在水资源节约、利用与配置上依然问题不少,主要有以下几个方面。

一是流域内部分地区缺水形势严峻,水资源供需矛盾大。如四川盆地腹地、滇中黔中高原区、湘南湘中、赣南、鄂北岗地等地区水资源短缺,三分之一城镇缺水,一些区域农村饮水困难。流域下游部分地区由于污染也导致缺水。城镇应急备用水源建设滞后,单一水源多,应对特大干旱、水污染突发事件能力不足。

二是流域内水资源使用效率不高，节水意识不强。据初步统计，流域内万元工业产值增加值用水量明显偏高，接近全国的两倍。工业用水重复利用率低，城镇供水管网漏损率大，农业用水方式粗放，人们节水意识淡薄。

三是流域外调水量大，影响范围广。目前规划实施的南水北调工程从长江下、中、上游分三线向北方年调水 448 亿立方米（接近黄河全年的水量），涉及长江、淮河、黄河、海河四大流域 26 个省市区，占全国三分之二左右的人口。

四是流域控制性水库兴利水量统一调度尚未建立。目前仅有三峡水库、丹江口水库已实行统一调度，流域内干支流其他已建成的大量控制性水库尚未建立统一的兴利与生态协调统一的水库综合调度。

目前流域内水资源配置依旧以流域内各区域自行配置为基本形态，各区域水资源配置状况对流域水资源配置起着控制性作用。在缺乏对流域水资源配置进行总量控制的制度约束下，要实现长江流域内及流域外人民生活、生产和生态用水对长江水资源需求总量的平衡，维持水资源的可持续利用难度很大。因此，特别需要尽快制定流域管理法，用法律的手段加强节水、规范长江水资源配置和利用，以保证长江上下游、左右岸、流域内外水资源的总体平衡和可持续利用。

（3）水能资源开发利用比较混乱

作为全国西电东送的水电能源基地，长江流域特别是上游干支流水能开发项目已全面展开，但同时也存在很大的问题。

一是部分支流水能开发项目与流域综合规划不符，项目开发审批把关不严，监管不到位，出现了跑马圈地无序开发的状态。过度开发造成河流水质降低、径流量减少，甚至部分河段断流。如岷江上游都江堰到茂县150 多千米的江段，分布着 10 余座大小不等的引水式电站，最小的装机仅6000kW，坝与坝间最近的仅 10 千米左右，枯水期河道基本断流，河床裸露、鱼虾全无,水环境完全遭到破坏。

二是水能资源开发权无偿使用,部分项目的开发商无实力,使开发项目迟迟不能发挥效益。

三是未处理好与生态保护的关系,如引水式电站未考虑下泄基流,导致河床断流;而部分拦河式水电站为多增加发电不按规定下泄生态基流,造成下游河道流量减少。

四是部分项目未批先建,严重违反开发程序。

对于这些水能资源开发中存在的问题,如不加快制定强有力的流域管理法加以控制,将会使长江上游干支流水生生物及水环境遭受极大破坏。

(4)河湖空间开发利用管控力度不够

河湖空间是指河湖库水面、岸线(边)、河道(床),也就是河流水域资源的开发利用。目前,长江河湖空间开发利用主要存在以下几个问题。

一是湖库水面人工养殖过度,造成水体富营养化。

二是河道两岸已建护岸工程标准普遍偏低,大部分城镇河岸及分汊河段尚未进行全面治理。

三是部分河段河床冲淤变化剧烈,加上河道采砂管理不严,违法乱采盗采严重,引起河床河势状态的改变,影响行洪和通航,造成河岸坍塌、护堤、农田破坏。

四是违法占用河床岸线,岸线开发利用混乱,无序围垦滩涂行为时有发生,对河势稳定和行洪安全造成较大影响。

五是由于入海水量减少,长江河口咸潮入侵现象有所加剧。

面对这些河湖空间开发利用方面存在的问题,需要制定统一的流域管理法,从法律的角度加强对长江河湖空间的管控。

(5)流域水污染形势严峻

经过各方面多年的共同努力,长江水质总体处于良好状态。但随着城镇化、工业化步伐的加快,长江水污染有加重的趋势。主要表现如下。

一是局部水质污染严重。干流及较大支流近岸水域、中小支流,特别是流经城镇地段的水体污染严重,导致供水受到影响,农田受到污染,水生物受损。据长江水利委员会公布的《2013 年长江流域及西南诸河水资源公报》数据:2013 年入长江的排污量达 336.7 亿立方米,其中生活污水 134.4 亿立方米,占 39.9%;工业污水 202.3 亿立方米,占 60.1%。处理率仅为 40%,低于全国平均水平。

二是"白色"垃圾泛滥。长江河道成了垃圾的倾倒场,垃圾随水漂流,特别是洪水季节,垃圾污染水面,堵塞电厂及水厂的取水口。

三是重大污染事件时有发生。随着干支流航运及两岸公路有毒危险化学品运量的增加,有毒化学品污染水体的事件时有发生,造成突发性水污染事件,影响水源安全和水生物安全。

随着长江经济带新一轮发展契机的到来,长江水污染问题又一次成为关注焦点。这一交织着局部与整体、生态与发展的流域性综合问题,面临着顶层设计细化和底层广泛参与的双重问题。从顶层设计上要做到四个统一,即规划统一,标准统一,实施统一,检查统一。同时要加快制定流域水法规保障体系,将《环境保护法》《水法》《水污染防治法》与长江流域管理立法做到有机统一。建立和完善流域生态建设、环境保护、水资源利用与国家法规相融合的流域管理法规体系。保护长江的水资源不仅是流域内人们生活和经济发展的需要,也是跨流域调水的需要,所以保护长江水资源安全是一个关系长江经济带和全国经济发展的战略问题。

(6)长江流域水土流失严重的局面尚未得到有效控制

尽管这些年来,国家及相关地方政府在长江流域水土流失保护方面做了大量的工作,也取得了较大的成就,但其干流上游及各支流的上游区段,仍面临着水土流失严重的局面。主要体现在以下几点。

一是全流域水土流失面积与侵蚀量大。据不完全统计,全流域水土流失面积约为 56 万平方千米,占全流域面积的 31%。每年汛期,长江水体中泥沙含量仍然较大。

二是石漠化及泥石流严重。水土流失造成一些区域石漠化,导致人们的居住生活环境恶劣。长江上游区的泥石流几乎年年发生,给人们的生命财产造成了较大损失。

三是水土流失加剧了贫困的发生。长江流域人口众多,人均耕地面积少,人地矛盾突出。严重的水土流失使本已十分珍惜的土地资源丧失,山石裸露无法耕种,降低了当地人民的生存环境质量,使贫困加剧。

以上长江流域治理开发保护与管理中存在的重大问题,均需要通过流域立法规范与部门、行业、区域利益关系的协调。特别是在加强生态文明建设的前提下,要进一步促进流域经济的可持续发展,只有通过流域立法,才能为其提供最基本的保障。

3. 长江修复的制度推进

2018年2月,财政部印发《关于建立健全长江经济带生态补偿与保护长效机制的指导意见》,提出通过统筹一般性转移支付和专项转移支付资金,建立激励引导机制,进一步加大对长江经济带生态补偿和保护的财政资金投入力度。

2018年4月,生态环境部决定组建国家长江生态环境保护修复联合研究中心。

2018年12月,生态环境部印发《关于开展长江生态环境保护修复驻点跟踪研究工作的通知》,组建了第一批58个城市驻点跟踪研究工作组,组织了100多家科研单位和研究团队深入沿江城市一线开展研究和技术指导;当月,生态环境部、国家发改委联合印发《长江保护修复攻坚战行动计划》,提出到2020年底,长江流域水质优良的国控断面比例要达到85%以上,丧失使用功能的国控断面比例要低于2%。

4. 长江修复的制度成效

以持续改善长江水质为中心,长江沿线城市先后组织开展了非法码头和非法采砂整治、沿江化工污染整治、饮用水水源地案例检查、入河排污口整改提升、固体废物大排查、长江干流岸线保护和利用等一系列专项行动，狠抓长江流域环境突出问题的治理，长江生态环境得到持续改善。

（1）水污染得到有效遏制

生态环境污染治理"4＋1"工程全面推进。截至2018年底，沿江11省（自治区、直辖市）城市和县城累计建成污水处理设施1772座，污水管网23.7万千米，搬改关转化工企业6485家。长江港口岸电设施加快建设，新建改建LNG动力船280艘。12个重点城市黑臭水体消除比例达93.1％。实施化肥、农药使用量零增长行动，畜禽水产养殖废弃物资源化利用水平提高，畜禽粪污综合利用率达70％。1376个挂牌督办的固体废物堆存点问题整改达标率为99.9％。

（2）水生态得到有效修复

2018年9月，国务院办公厅印发《关于加强长江水生生物保护工作的意见》，开展中华鲟、长江鲟人工增殖放流和长江江豚迁地保护行动，长江珍稀濒危物种保护得到强化。率先在长江流域332个水生生物保护区实行常年禁捕，非法捕捞执法力度加大。候鸟栖息地、珍稀鱼类重要产卵区、洄游通道等生态修复重建工作进展顺利。长江两岸防护林体系建设造林1141万亩，新建国家湿地公园67处，洞庭湖水质逐步好转为Ⅳ类，鄱阳湖区恢复退化湿地面积276.06公顷，水源涵养功能明显增强。实施三峡等上中游控制性水库及"两湖"支流水库联合调度，保障长江中下游河湖生态用水。深入开展长江干线非法码头、非法采砂专项整治，完成1361座非法码头整改，其中彻底拆除1254座并实现生态复绿；规范提升107座，并完善相关手续，实现了合法运营。

（3）水资源得到有效保护

8051个入河排污口登记造册，2673个县级集中式饮用水水源地环境违法问题整治完成。大力实施重大引调水和重点水源工程，通过南水北调东线、中线已累计向华北地区供水 234 多亿立方米。全面落实最严格水资源管理制度,强化水资源开发利用、用水效率控制红线约束,实现总量强度"双控"。建立健全防洪减灾体系,建成安徽长江崩岸应急治理工程等四个项目,完成 13 处蓄滞洪区围堤加固工程,长江流域 54 条主要支流治理有序实施。

经过这几年的艰苦努力,长江水环境恶化的势头得到遏制,长江水质正在逐渐改善。2018 年,长江干流国控断面水质优良(Ⅰ—Ⅲ类)比例为79.3%,较 2015 年底提高 12.3 个百分点;劣Ⅴ类水质比例为 1.9%,较2015 年底下降 4.5 个百分点。

(三)黄河的治理与修复

黄河孕育了伟大的中华文明,但严重的水土流失也让黄河流域的生态极其脆弱。从"大禹治水"的传说开始,中华民族与黄河水旱灾害的斗争史持续了几千年。新中国成立以来,党中央、国务院一直高度重视黄河的治理与保护,经过几十年的努力,黄河流域的生态环境有了明显的改善。特别是在党的十八大以后,全国大力推进生态文明建设,在黄河的治理与修复方面贯彻"节水优先、空间均衡、系统治理、两手发力"的战略思路,并采取了一系列行之有效的治理措施,极大地促进了黄河流域经济社会发展和生态环境改善。

1. 黄河修复的背景

黄河在我国是仅次于长江的第二长河,全长约 5464 千米,流域面积达75.2 万平方千米,自西向东分别流经青海、四川、甘肃、宁夏、内蒙古、陕西、山西、河南和山东等九个省(自治区),最后流入渤海。

黄河是中华文明最主要的发源地,被誉为中国的母亲河。黄河中上游以山地为主,中下游以平原、丘陵为主。黄河每年都会产生 16 亿吨的泥沙,被称为世界上含沙量最多的河流,这些泥沙中有 12 亿吨流入大海,4

亿吨则在下游形成利于种植的冲积平原。

2. 黄河修复中的主要难点

黄河流经九个省份,对我国的经济发展、人们的生产生活有着深远影响,素有"黄河宁,天下平"之说。黄河流域虽经过多年治理,但当前仍存在一些突出问题,流域生态环境脆弱,水资源保障缺乏,发展质量有待进一步提高。

(1)水资源不足

黄河流域人均水资源占有量不到全国人均水平的二成,只有 383 立方米/人,人口占全国的 12%、耕地占全国的 15%、GDP 占全国的 14%,而河川径流量只占全国的 2%,水资源的供需矛盾突出。在 2017 年黄河流域的用水结构中,农业用水量占 65%、工业用水量占 15%、生活用水量占 14%、生态用水量占 6%,可见水生态流量被严重挤压,导致水环境自净能力不足,严重影响了黄河流域的生态环境质量。

(2)环境污染严重

近些年的粗放型发展方式,造成黄河沿河工农业的污水排放量随着经济快速发展而急剧增长,很多未达标的工业废水、农业污水、生活污水直接流入黄河,加之黄河本身自净能力不足,导致水体污染严重,造成湿地面积锐减、水源涵养功能下降、生物多样性减少等生态问题。数据显示,2018年黄河 137 个水质断面中,劣 V 类水占比达 12.4%,显著高于全国 6.7%的平均水平。

(3)水沙空间分布不均

黄河是世界上含沙量最大的河流,其一半以上的径流量来自上游地区,但 90%以上的泥沙却源自中游区域,这种不均衡的水沙空间分布导致了黄河流域的资源开发与环境保护之间矛盾愈加突出。中游地区的水土流失形势严峻,而下游地区的洪水泥沙与干旱威胁显著,对黄河流域的可持续发展和生态环境保护造成严重制约。

（4）综合管控机制欠缺

黄河流经九个省份，跨区域的流域治理带来"九龙治水"的难题，全流域综合管理体制和运行机制尚未建立，相应的法律体系和制度体系也不够健全，造成监督能力与执法能力不足，难以保障黄河流域的生态环境质量与可持续发展。

3. 黄河修复的制度目标

2019 年 9 月 18 日，习近平同志在河南主持召开黄河流域生态保护和高质量发展座谈会时指出，"治理黄河，重在保护，要在治理"。在开展治理与修复工作中要坚持山水林田湖草综合治理、系统治理、源头治理，用系统工程和整体思维统筹推进各项工作，并加强协同配合，以达到实现黄河流域高质量发展的目标。2020 年 1 月 3 日，在中央财经委员会第六次会议上，习近平同志再次强调，黄河流域必须下大力气进行大保护、大治理，要坚持生态优先、绿色发展，从过度干预、过度利用向自然修复、休养生息转变，坚定走绿色、可持续发展的高质量发展的路子。

（1）推进水资源高效利用

黄河水资源不足已经严重影响了黄河流域的经济社会发展和人民生产生活质量，必须坚持以水定城、以水定地、以水定人、以水定产，从城乡发展规划中就将经济社会发展置于整体生态环境的约束当中，尤其要把水资源作为其中最大的刚性约束，坚决杜绝用水浪费现象，倡导节约用水、高效用水，推动全社会开展节水行动，推动用水方式由粗放向节约集约转变。

（2）加强生态环境保护

治理与修复中要将整个黄河流域纳入目标中，统筹安排，并根据上、中、下游不同区域间的具体情况采取不同的治理措施。譬如，上游地区应以三江源、祁连山、甘南黄河上游水源涵养区等为重点，结合国家公园试点工作，开展重大生态保护修复和建设工程，重点提升上游地区的水源涵养能力；中游地区则以进行水土保持和污染治理为重点，减少人为因素对环境的破坏影响,恢复自然生态;下游地区重点做好黄河三角洲的保护与修复,恢复河流生态系统健康,提高生物多样性。

(3)保障黄河长治久安

黄河治理中最关键同时也是最困难的地方就在于水少沙多、水沙关系不协调。自 1946 年开展"人民治黄"至今,黄河的泥沙问题已经得到了显著的改善,资料显示从黄河中游的呼和浩特托克托县河口镇到郑州桃花峪的 1200 多千米已经是一河清水,加上原本就清淤的黄河上游,在非汛期黄河 80%以上的河段是清的。这样的成绩来之不易,今后仍然要紧紧抓住水沙关系调节这个"牛鼻子",从制度入手,进一步完善管理体系,确保黄河沿岸地区的长治久安。

(4)推动黄河流域高质量发展

黄河流域应从各地实际出发,结合本地资源禀赋与环境特点,积极探索可持续的高质量发展路径,突出地域特色,深挖文化底蕴,并结合国家公园、"一带一路"倡议等战略机遇,走具中国特色的绿色发展道路,提高生态环境质量,改善百姓民生。

四、海域生态系统的治理与修复

我国是一个陆海兼备的大国,有相当于陆地领土面积约三分之一的海洋国土、约 18000 多千米的大陆海岸线、14000 多千米的岛屿海岸线和万余座星罗棋布的海岛。沿海地区以 15%的国土面积养育着 40%以上的人口,聚集着 70%以上的城市,创造了 65%以上的国内生产总值。随着海洋经济的快速发展、滨海城市化进程的加快,大量人口向海迁移,带来了系列的海洋生态问题,近海生态环境不容乐观,海洋污染、海洋灾害等环境问题尚未得到有效遏制。

贯彻落实习近平生态文明思想,大力推进海洋生态保护修复,全力遏制海洋生态环境不断恶化趋势,让海洋生态环境明显改观,让人民群众吃上绿色、安全、放心的海产品,享受到碧海蓝天、洁净沙滩,不仅是生态文明建设的重要内容,更是为加快建设海洋强国提供资源环境保障。党的十九大强调流域环境和近岸海域环境治理,实施重要生态系统修复工程。按照中央部署,重点实施了"蓝色海湾"整治行动、"南红北柳"滨海湿地修复和"生态岛礁"建设三大工程,海洋生态修复工作取得了一定成效,部分河口和海湾生物多样性状况有所改善;一些海洋生态系统功能得到提高,修复海域生态环境明显改善;部分沙滩得到恢复,增加了公共亲海空间。但各地生态修复工作不平衡,实施刚性工程偏多,对生态系统结构与功能本身的考量相对较少,缺少自然恢复保护和基于生态系统的整体修复。

(一)海域生态系统治理的主要难点

我国地处欧亚大陆东部,濒临太平洋,海岸曲折,海域辽阔,岛屿众多。大陆海岸线自鸭绿江口至北仑河口,纵跨温带、亚热带和热带三个气候带。海洋疆域北起渤海北端的大凌河口,南至南海的曾母暗沙,跨越 37.5 个纬度;西起广西的北仑河口,东至冲绳海槽中间线,主张管辖海域面积 300 万平方千米,是全球最大的边缘海之一。

2018 年监测综合评价结果表明,全国海洋生态环境状况总体稳中向好,海水环境质量总体有所改善,河口区域沉积物质量总体趋好,典型海洋生态系统健康状况基本保持稳定。但近岸海域水质较差,劣 IV 类占 15.6%,面积大于 100 平方千米的 44 个海湾中有 16 个海湾四季均出现劣 IV 类水质。污染海域主要分布在海湾、河口、苏浙沿岸等近岸海域,超标要素主要为无机氮和活性磷酸盐,生态系统健康状况一般。沉积物质量总体良好,但珠江口沉积物质量一般,主要超标要素为铜、锌、石油类和砷。全国 15 个重点监测海域,浮游植物鉴定 718 种,浮游动物鉴定 686 种,大型底栖生物鉴定 1572 种,海草鉴定七种,红树植物鉴定 11 种,造礁珊瑚鉴定 85 种,浮游生物和底栖生物物种数从北到南呈增加趋势。2018 年,共引发赤潮 36 次,累计面积 1406 平方千米;赤潮高发期为 5—8 月,共 27 次,累计面积 1110 平方千米；引发有毒赤潮七次，累计面积 214 平方千米。引发绿潮的主要藻类为浒苔，覆盖面积最大值为 193 平方千米，分布面积最大值为 38046 平方千米。目前，我国海域生态系统主要存在以下问题。

1. 气候变暖与海平面上升

气候变化导致全球海洋变暖、冰川融化、海平面上升和海洋酸化的程度正在持续加强。中国近海尤其是沿海海表温度呈现显著的波动上升趋势，上升速率约为 0.016℃/a，高于全球海洋平均水平（0.011℃/a）。

2. 近岸海域污染与富营养化

大部分河口、海湾以及大中城市临近海域海洋环境质量恶化的总趋势仍未得到有效的遏制，污染日趋严重。近岸海域主要受营养盐污染和有机污染，并逐年加重；局部海域油污染和重金属污染仍较突出；人工合成的有毒有机物质在近岸海水、沉积物和海洋生物体内普遍检出。

近岸水体富营养化现象仍十分严重。2018 年，我国管辖海域呈富营养化状态的海域面积共 56680 平方千米，重度富营养化海域主要集中在辽东湾、渤海湾、长江口、杭州湾、珠江口等近岸海域。

3. 滨海湿地面积减少与生境破碎

滨海湿地面积的减少造成生物栖息地减少，破坏底栖生物、近海产卵场和索饵场，降低滨海湿地生物多样性。2007 年，我国滨海自然湿地面积比 1975 年减少了 65 万公顷，约占 1975 年总面积的 10%。

滨海湿地景观破碎，景观斑块增多，单斑块面积缩小，直接导致了湿地生态系统服务功能降低或丧失，影响物种的繁殖、扩散、迁移和保护。辽宁双台子河口滨海湿地适宜丹顶鹤营巢的芦苇沼泽由 20 世纪 90 年代初的 9500 公顷减少到 2007 年的 1500 公顷。长江口滨海湿地景观破碎化加剧，景观斑块数不断增加，由 1986 年的 2213 个增加到 2005 年的 2667 个。

4. 自然岸线受损与保有率降低

1990—2012 年，大陆自然岸线减少 3510 千米，年均减少 160 千米，其中粉砂淤泥质岸线、砂质岸线和生物岸线减少较大,其减少值分别占自然岸线减少总量的 48%、22% 和 19%。70% 左右的砂质海岸遭受侵蚀,近年来虽对部分岸段开展了整治修复,但局部地区仍在加重。

5. 渔业资源衰退与渔场功能退化

近海主要传统渔场如黄渤海渔场、东海区渔场、南海北部沿岸渔场和北部湾渔场等渔业资源衰退;近海鱼类种数减少,密度下降,低龄化、低质化、小型化趋势明显,渔业营养级逐渐下降。

6. 典型生态系统受损与生态灾害频发

近岸海域的物种多样性呈现下降趋势,外来物种影响越来越大。2018年全国重点监测的河口、海湾、滩涂湿地、珊瑚礁、红树林和海草床等海洋生态系统中,76.2% 处于亚健康和不健康状态。红树林面积已由 20 世纪 50 年代初的 5 万公顷减少到目前的 1.4 万公顷,全国 60% 以上的红树林生态系统面临着面积减少、林分退化、质量下降等问题。珊瑚礁生态系统总体上也呈退化趋势,沿岸造礁珊瑚种类和数量明显减少。海南、广西、广东部分地区海草床的覆盖度和密度下降,退化趋势明显。

赤潮、绿潮等生态灾害发生频率和危害程度明显上升,不仅危害生态安全,还对沿海的旅游业和海水养殖业造成了巨大危害,甚至威胁消费者的健康和生命安全。此外,沙筛贝、互花米草等外来物种入侵,水母、长棘海星暴发等生态灾害也日渐频繁。

(二)海域生态系统治理的制度安排

"十二五"和"十三五"期间,从国家层面谋划和开展的海洋生态修复项目,采用中央奖补资金引导、地方资金配套并组织实施的模式,重点实施了"蓝色海湾"整治行动、"南红北柳"滨海湿地修复和"生态岛礁"建设三大工程,对海洋生态受损的重要区域开展了生态修复。

1. 利用中央奖补资金开展海洋生态修复的情况

从 2010 年起,中央财政共安排海域和海岛使用金 167 亿元,用于海域海岛海岸带综合整治和海洋生态修复。

(1)2010—2015 年海域海岛海岸带整治修复保护项目

2010—2015 年,财政部和国家海洋局先后以中央分成海域使用金、海岛保护专项资金、中央海岛和海域保护资金等渠道,陆续实施 12 大类、128 小类海域海岛海岸带整治修复保护项目,重点支持以下几类项目。

海域、海岛、海岸带综合整治,重点支持典型海湾、河口海域、风景名胜区及重要旅游区毗邻海域、大中城市毗邻海域等综合整治修复、景观整治修复、空间资源整理。海岛领域重点支持了岛体及周边海域和自然人文景观的修复、海岛保护试验基地研究与示范、海岛生态环境和基础设施整治修复及改善。

海域、海岸带生态修复及保护,重点支持重要滨海湿地退养还滩和植被恢复,海湾、入海河口生态恢复和修复,海岸带生态保护和生态廊道建设,大型海藻底播增殖和海草床养护种植。

国家级海洋特别保护区能力建设与生态恢复工程,重点支持保护区巡护执法监视设备、管护设施、海洋生物物种保护设施等保护与管理能力建设,生态监测设备购置等监测能力建设,资源、景观恢复重建工程。

这一阶段,中央资金支持的海洋生态修复项目数量较多,覆盖区域较广,虽然单个项目的资金量较小(除个别项目资金超过亿元外,绝大多数在千万元级或百万元级),但对地方起到了重要的引导作用。

(2)2016—2019 年"蓝色海湾"整治行动

"蓝色海湾"整治行动列入《国民经济和社会发展第十三个五年规划纲要》,旨在改善近岸海域环境质量,恢复和提升生态功能,整治修复海湾和滨海湿地等重要生态系统受损区。实施过程中,同步推进"南红北柳"滨海湿地修复和"生态岛礁"建设,重点支持以下项目。

重点海湾综合治理,以提升海湾生态环境质量和功能为核心,提高自然岸线恢复率,改善近海海水水质,增加滨海湿地面积,开展综合整治工程,打造"蓝色海湾"。

"生态岛礁"建设,以改善海岛生态环境质量和功能为核心,修复受损岛体,促进生态系统的完整性,提升海岛综合价值。

"蓝色海湾"项目遴选比较严格,设置项目数量不多,但单个项目资金量较大,均达数亿元,体现了集中力量办大事、求实效的原则。2016—2017年,分两批共18个地级市被列入中央财政支持序列,投入资金52亿元,整治修复岸线270余千米,修复沙滩130余公顷,恢复滨海湿地5000余公顷;2019年,共有10个地级市列入,投入资金30亿元。

2.利用其他资金开展海洋生态修复的情况

沿海各地通过多种渠道积极筹措资金开展多种形式的海洋生态修复:或提供配套资金;或结合城市建设;或利用生态补偿资金和生态赔偿资金。

项目主要包括通过实施海湾、海岸带综合整治,实现城市功能结构和产业布局的优化调整;减少海洋污染,提高海洋环境质量和防灾减灾能力;美化沿岸景观,完善亲海休闲设施,实现对城市沿岸带的升级改造;布置公众亲海空间,并通过建设生态化海堤、种植护滩植被、布设人工鱼礁等,实现陆海自然过渡、绿色蓝色有机交融,整体提升海洋景观质量,改善人居环境。

(三)海域生态系统治理的制度成效

2010年以来,中央财政资金支持的海洋生态修复项目共修复岸线260多千米,恢复修复滨海湿地4100多公顷,修复沙滩1200多公顷,整治修复海岛52座。

1. 生态效益

河口海湾区域的水动力环境和环境质量得到改善,促进了生态系统的自我修复;海岸风貌和自然景观得到不同程度保护,恢复了部分海岸原有的风貌和自然景观,提升了海岸与近岸海域的生态功能和资源价值;部分沙滩得到保护修复,共整治修复受损旅游沙滩岸线 18.3 千米,增加沙滩面积 56.3 公顷;部分滨海湿地的芦苇、碱蓬、柽柳、红树林和海草等原有生态景观得到了恢复,为水禽和其他动物提供了觅食、栖息和繁育地,促进了生态系统的自我完善和生态服务功能的正常发挥;人工湿地建设削减了污染物排海,同时作为城市公园,扩大了园区内的休闲娱乐空间。

通过实施海洋生态修复,海洋管理不断从海域空间管理向海域资源、生境管理层面提升,促使用海企业不断改进用海方式,减少岸线资源占用及其对海域自然属性的影响,融入生态修复理念,做到了科技用海、生态用海。

2. 经济效益

部分地区通过海洋生态修复,整体提升了海洋资源品位,打造出地区品牌,吸引和培育了一批特色企业和科技产业,促进了蓝色经济发展。如浙江温州洞头利用"蓝色海湾"项目开展东岙沙滩修复,促进了当地旅游业快速发展,周边民宿租金增长了 10 倍,40% 的渔民从事涉旅服务工作。

一些企业在政府规划的海洋生态修复范围内,通过建设整洁优美的沙滩、生态海岸和亲水平台等,提供高品位旅游休闲娱乐产品,增加了经济收益。还有一些企业通过建设滨海湿地公园减少污水排放量,节约了污水处理成本,并通过观光旅游服务获得一定的经济收益。

3. 社会效益

增加了公共亲海空间和海岸新景观,营造亲水的海岸环境,满足了居民休闲、观光、垂钓、赶海等亲海需求,改善了城市周边的海洋生态环境、资源品位和沿岸人居环境,提升了城市形象和品位,增强了全民海洋生态文明意识,使广大群众享受到了海洋生态文明建设的成果。

(四)海域生态系统治理的改进思路

我国海洋生态保护修复工作已取得积极成效,但由于该项工作起步较晚,大多数以局部区域的低层次人工生态系统构建为主,保护修复缺乏统筹与长效机制,相关制度亟待健全,技术体系亟待完善。未来应从以下几方面着手进一步推进我国海域生态系统的治理与修复工作。

1. 完善涉海法律法规体系

贯彻落实习近平生态文明思想体现在用最严格制度保护生态环境的严密法治观。现行涉海的《海域使用管理法》《海岛保护法》和《海洋环境保护法》缺少海洋生态评估和补偿等内容,有些条款已不适应当前形势,难以全面支撑"绿水青山就是金山银山"绿色发展观在海洋的实现和党中央、国务院关于海洋生态建设部署的实施。建议实施海洋生态本底调查,开展海域海岛资源价值评估、海洋生态评估及补偿、污染协同治理等制度的专题研究,启动现行涉海法律修订工作,设立海洋生态保护专章。

海岸带是海洋社会经济活动主要集中区域,是海洋生态环境问题主要发生区域,也是目前陆海统筹的关键区域。我国虽出台了《土地管理法》《海域使用管理法》,但是由于管理协调等问题,未达到陆海统筹下的开发与保护的协调统一。美国、韩国和日本等国家都相继出台了有关海岸带的法律,对于统筹协调和管理这个人类活动最密集关键区域的陆源污染排放、自然资源利用与保护、生态系统维护与修复等,发挥了关键作用。建议基于生态优先理念,以保护、修复和利用海岸带自然资源为目的,开展"海岸带管理法"立法研究,该法可将跨区域协调机制、河长制与湾滩长制、地方政府主体责任、海岸带整治常态化机制、自然岸线保有率管控制度、海洋生态修复制度、海岸带生态评估与补偿制度、海洋生态红线制度、入海河流排污控制制度、陆源排污控制制度、海洋工程项目审批及退出机制等纳入其中。

2. 推进陆海统筹的涉海规划体系

贯彻落实习近平生态文明思想同样体现在山水林田湖草是生命共同

体的整体系统观。目前我国正在编制国土空间规划,推进和实施"多规合一",形成全国国土空间开发保护"一张图"。促进海洋与国土空间规划的衔接,做好陆海统筹,需衔接好六项基本内容:陆域功能定位和海域发展定位;陆域经济发展规划和海域发展规划;陆域与海域的开发布局;资源开发;生态治理;防灾减灾。统筹好海陆空间、各项涉海规划,实现海陆生态、经济、社会统筹发展。

按照陆海统筹和高质量发展要求,在国家和省级层面组织编制海岸带保护和利用规划,重视以海定陆,构建陆海一体、功能清晰的海岸带地区保护和利用空间布局,促进形成陆海产业布局协同发展格局,推动陆海生态保护联动,健全绿色低碳循环发展的现代化经济体系,有效解决海岸带地区资源环境与社会经济发展之间的突出矛盾。

在总结近几年海洋生态修复工作的基础上,依据目前海岸带资源禀赋、生态受损、环境容量和人工岸线的空间特征,分析判定存在的主要资源生态问题,贯彻人与自然和谐共生的科学自然观,秉持"自然恢复为主,人工修复为辅"的原则,确定海洋生态修复目标,制定《全国海洋生态修复总体规划》,重点围绕珊瑚礁、红树林和海草床等典型生态系统恢复与重建,浒苔、赤潮等生态灾害防治,海洋生物资源恢复,滨海湿地生态建设与修复,沙滩保育与修复,海岸防护,生态廊道与生态堤坝建设等进行项目布局,引领地方海洋生态修复工作。依据国家规划,编制省级海洋生态修复规划,制定实施计划。

3. 构建海洋生态保护修复管理制度

根据不同类型,因地制宜,探索生态修复的多元模式,鼓励"还滩还湿",遵循海岸带的自我设计和自然演替规律,构建海洋生态保护修复项目库。

制定并实施《海洋生态修复项目管理办法》和《海洋生态修复资金使用管理办法》,明确管理部门职责,组织制定海洋生态修复规划和年度计划;

负责项目的决策、资金和审计监督管理;组建专家体系,全过程跟踪技术指导和检查;组织开展项目中期评估、验收和后评估。对项目实行全过程动态监管,将海洋生态修复工作纳入督查体系,重点考核控制指标落实和管控措施执行情况、海洋生态系统质量和功能恢复效果等。

制定并实施《海洋生态修复项目验收办法》,确定项目验收机构,规定项目验收程序及成果,并具体组织项目验收。

4. 构建稳定持续的资金投入机制

建立政府资金投入长效机制,建议尽快制定海洋生态修复专项资金政策,尤其是从省级层面出台海洋生态修复资金投入政策,各级政府将海洋生态修复资金列入财政预算。

实行地区差异化支持政策,对于经济发达的地区,采用项目实施后奖补经费的形式资助;对于财力不足的地区,采用项目经费和运营经费事前拨付的形式资助。

建立健全生态补偿机制,强化有偿使用海域的制度。设立海洋生态修复治理保证金,对排污企业征收相应的海洋生态补偿资金。

丰富完善多渠道融资机制,鼓励和引导社会资金参与,充分调动全社会特别是企业对海洋生态修复的积极性,拓宽融资渠道,建立起政府、企业、社会和个人投资的多元化投入机制。

5. 支持基础研究和修复技术研发

设立海洋生态修复重大专项,重点开展海岸带自然资源特征及演化,岸滩演变过程,海岸侵蚀淤积机理,海洋生物群落结构及变异,海洋生态功能退化诊断,海洋生态系统对人类活动和海洋工程建设的响应,珊瑚礁、红树林和海草床等典型生态系统特征及演化,宜种植或宜放流海洋生物品种习性及培育,浒苔、赤潮等生态灾害防治等方面的科学研究,寻求生态系统保护的针对性方案,为保障海洋生态安全提供技术支撑。

组建海洋生态保护修复科技专家智库,专家应包括海洋工程、管理、经济、产业、保护修复、规划等各个方向,对海洋生态保护修复问题履行审查、技术论证、实施过程监督、验收和后评估等技术职责,为海洋管理部门提供建议和技术支撑。

贯彻共谋全球生态文明建设之路的共赢全球观,加强国际科技合作与交流,构建政府部门、国际组织和其他主体之间的合作平台,推进国际科研合作,吸引优秀科研团队投身到海洋生态保护修复领域的研究中,合力攻关海洋生态治理重大问题。积极参与全球范围内的海洋生态保护修复工作,促进各方在主要治理议题和进程中实现协调,改善提升全球海洋生态安全水平。

第二节　建立以国家公园为主体的自然保护地体系

自然保护地是各级政府依法划定或确认,对重要的自然生态系统、自然遗迹、自然景观及其所承载的自然资源、生物多样性和文化价值,实施长期保护的陆域或海域。党的十九届四中全会明确提出要建立以国家公园为主体的自然保护地体系,是基于我国国情与生态环境现状,借鉴其他国家百余年的发展经验,为实现中华民族永续发展和全人类可持续发展目标而提出的战略举措,启动了我国自然保护地领域的重大改革。

一、我国自然保护地体系建立的历程

设立自然保护地是为了维持自然生态系统的正常运作,为物种生存提供庇护所,保存物种和遗传多样性,维持健康的生态过程,提供环境服务,维持文化和传统特征。党的十九大报告明确提出"建立以国家公园为主体的自然保护地体系",目的是改革各部门分头设置自然保护区、风景名胜区、文化自然遗产、森林公园、地质公园等的体制,加强对重要生态系统的

保护和利用。要按照主体功能区规划，统一国土空间用途管制，将生态功能重要、生态环境敏感脆弱以及其他有必要严格保护的区域，因地制宜划入各类自然保护地，纳入生态保护红线管控范围，实行整体保护、系统修复。

(一)自然保护地体系建立的制度诉求

当前，我国已建有各级各类自然保护地 11800 个、自然保护小区近 5 万个，数量众多、类型丰富、功能多样的各级各类自然保护地，留下了珍贵的自然遗产，积累了宝贵的建设和管理经验，但也存在着迫切需要解决的问题。以往由部门主导、地方自下而上申报而建立的自然保护地模式，存在顶层设计不完善、空间布局不合理、分类体系不科学、管理体制不顺畅、法律法规不健全、产权责任不清晰等问题，出现空间分割、生态系统破碎化等现象，严重影响了保护效能的发挥。

为此，党的十九大明确提出要建立以国家公园为主体的自然保护地体系，2019 年 6 月 26 日印发的《关于建立以国家公园为主体的自然保护地体系的指导意见》正式提出了我国的自然保护地体系及其建设路线图，并依据全域自然生态空间区划、规划的系统研究、分析评估，将具有国家代表性的自然生态系统纳入国家公园体系；将典型的自然生态系统、珍稀濒危野生动植物的天然分布区、具有特殊意义的自然遗迹的区域纳入自然保护区体系；将重要的自然生态系统、自然遗迹和自然景观，具有生态、观赏、文化和科学价值，可持续利用的区域纳入自然公园体系。构建中国特色的以国家公园为主体、以自然保护区为基础、以自然公园为补充的新型自然保护地体系。

(二)自然保护地建立中面临的问题

我国自然保护地体系包括国家公园、自然保护区和自然公园三类，主要是为了保护自然生态系统的原真性、整体性和系统性。这三类保护地在管理目标与效能、生态价值以及保护强度上均有所不同。其中，国家公园的要求最为严格，其次是自然保护区，保护强度较低的是自然公园。

1. 国家公园

中国特色国家公园体系的建设以 2013 年党的十八届三中全会提出的"建立国家公园体制"为标志，2017 年 9 月出台的《建立国家公园体制总体方案》则具体确立了中国特色国家公园体制的指导思想、目标和任务。与西方国家的界定有所不同，国家公园在我国是指由国家批准设立并主导管理，边界清晰，以保护具有国家代表性的大面积自然生态系统为主要目的，实现自然资源科学和合理利用的特定陆地或海洋区域。国家公园是我国自然生态系统中最重要、自然景观最独特、自然遗产最精华、生物多样性最富集的部分，保护范围更大，生态过程更完整，具有全球价值、国家象征，国民认同度高。与自然保护区和自然公园相比，国家公园的特征主要体现在以下几个方面。

一是管理级别更高，国家代表性更强，生态重要性更为显著，同时更具景观价值，因此在管理上也最为严格和规范。

二是地理面积更大，景观尺度更大。已设立的 10 个试点中，三江源试点区面积最大，达 12.31 万平方千米，最小的钱江源试点区总面积也有252 平方千米。

三是生态系统类型更多，生态功能更全，生物多样性更丰富。

四是在我国的自然保护类型上属于新生事物。虽然国家公园在国外已有百余年的发展历史，但在我国尚属刚刚起步阶段。

当前，国家公园的保护与管理工作中还面临着以下主要难点。

第一，有效管理机制尚不成熟。目前专门负责国家公园管理事务的机构和编制还没有到位，国家公园管理局仅在国家林草局加挂牌子共用同套人马，各试点区域也大多如此。中央与地方在国家公园管理的事权与责任方面还存在着划分不清的问题，各种管理机制还有待进一步健全。此外，国家公园总体规划、资源调查评估、监测等相关技术标准规范，国家公园特许经营、访客管理、公益岗位等相关管理办法都尚未建立。

第二，空间规划还有待进一步优化。目前各试点的总体规划还没有最终完善，大熊猫、祁连山仅有初稿，武夷山、南山、普达措等试点还未形成总体规划。各国家公园试点的地理边界也还在进一步划定中，功能分区标准和管控要求仍有待统一规范。

第三，自然保护与地区发展还存在一定的矛盾。目前各国家公园试点建设均有进展不及预期的问题，主要是涉及保护区原住民的迁出与保护区内原有产业的退出等方面难度较大，而在保护区内可允许的种植、养殖等传统经济活动也在一定程度上破坏了保护区内的生态保护，必须严格把控可控的经济开发与破坏性的经济开发之间的界限。

2. 自然保护区

自然保护区，根据《中华人民共和国自然保护区条例》的界定，是指对有代表性的自然生态系统、珍稀濒危野生动植物种的天然集中分布区、有特殊意义的自然遗迹等保护对象所在的陆地、陆地水体或者海域，依法划出一定的面积予以特殊保护和管理的区域。

与国家公园相比，自然保护区的特征主要体现在以下几点：一是数量更多，目前全国各级各类自然保护区数量达 2750 处。二是分布更广，遍布全国各地。三是管理难度更大，在经济快速发展中受到的负面影响大，历史遗留问题多。

自 1956 年第一个自然保护区建立以来，我国已形成了包括大熊猫、金丝猴、丹顶鹤、银杉、水杉等珍稀濒危野生动植物在内的相对完善的自然保护区体系，但仍然存在一些问题，主要体现在以下几方面。

第一，保护区内生态环境质量没有得到有效改善。由原环保部、中科院联合进行的 2000—2010 年全国生态环境十年变化调查数据显示，89.7%的国家级自然保护区生态环境状况有所改善或维持不变，11.3%的国家级自然保护区环境质量有所退化。

第二，保护区对生态系统的保护不全面。有关统计数据显示，目前仍有 10%～15% 的重要生态系统和保护物种尚未纳入保护地体系当中。

第三，自然保护区被经济开发破坏。我国的自然保护区大多都位于经济发展较为落后的地区，物质财富积累与社区民生改善的要求较为急切，容易产生生态环境保护与经济发展之间的矛盾，在缺乏科学规划与整体统筹的情况下盲目进行经济开发，无法获得可持续与高质量发展，且易对当地生态环境造成破坏。

第四，保护管理体系不完善。目前仍有一些国家级自然保护区未设有独立的管理机构，缺乏专业技术人员与经费保障，导致部分保护区管理机构"责权利"不对等、具体工作不规范，严重影响了自然保护区的功能发挥。

3. 自然公园

自然公园是指保护重要的自然生态系统、自然遗迹和自然景观，与人文景观相融合，具有生态、观赏、文化和科学价值的可持续利用的区域。其目的是确保森林、海洋、湿地、水域、冰川、草原、生物等珍贵自然资源，以及所承载的景观、地质地貌和文化多样性得到有效保护。自然公园包括森林公园、地质公园、海洋公园、湿地公园等。

自然公园的特征主要体现在以下几点：一是地理面积相对较小。二是分布范围更为广泛。三是允许开发活动，在不影响生态保护的前提下，可以进行休闲、参观、考察、旅游以及资源可持续利用等活动。

自然公园与国家公园、自然保护区不同，具有显著的面积小、分布广、种类多的特征，在保护方面常常因为区域重叠、多方管理的原因反而导致因管理权有争议而出现的管理不力问题。据统计，60% 以上的国家森林公园与国家级自然保护区、国家级风景名胜区空间重叠，一方面会造成重复建设增加管理成本，另一方面也会出现责任推诿。同时，由于自然公园允许开展经济开发活动，在管理不力的情况下极易出现过度开发现象，从而导致生态环境遭到破坏、生态功能退化。

二、我国自然保护地体系的制度推进

建立以国家公园为主体的自然保护地体系是贯彻落实习近平生态文明思想、统筹山水林田湖草系统治理的具体举措，标志着我国自然保护地进入全面深化改革的新阶段。目前此项制度已取得了初步成效，具体体现在以下几方面。

（一）初步完成顶层设计

党的十九大提出建立以国家公园为主体的自然保护地体系；2017 年 9 月 26 日发布的《建立国家公园体制总体方案》，确定了国家公园建设的具体工作安排，包括制定设立标准、确定布局、优化管理体系、建立管理机构等十项重点任务；2019 年 6 月 26 日印发的《关于建立以国家公园为主体的自然保护地体系的指导意见》，进一步明确了我国的自然保护地体系的具体内涵、分类以及功能定位，相关的制度体系也逐步建立，标志着我国以国家公园为主体的自然保护地体系顶层设计已初步完成。

（二）大力推进国家公园试点

根据 2015 年发布的《建立国家公园体制试点方案》，我国目前已设立了三江源等 10 个国家公园试点。通过整合组建统一的管理机构，探索分级行使所有权和协同管理机制；构建财政投入为主、社会投入为辅的资金保障机制；启动全国国家公园总体发展规划编制，推进自然资源统一确权登记；制定相应法规及管理制度、标准规范；同时，进一步加强自然生态系统保护，推进生态系统修复。

（三）认真调研查找问题

针对试点工作已取得的经验与进展，自然资源部、国家林业和草原局于 2018 年 6 月至 9 月对 10 个试点区进行了督导调研和专项督察，组成了

5 个督察组,召开 59 次座谈会,查阅资料 4200 余份,开展谈话 50 余人次,核查现场 428 个,入户调查 80 余次,走访企业 40 余家,基本掌握了试点进展情况与存在的问题,总结了国家公园体制试点取得的成效和经验,初步拟定了相应的对策建议;从宏观角度对法制建设框架体系进行专门研究,梳理总结借鉴国外相关经验,提出了我国建立国家层面的国家公园法律框架体系的建议。

(四)积极加强对外合作

国家公园建设在我国起步较晚,但在国外已有百余年的发展经验,为更好地学习其他国家的先进经验与做法,加强沟通交流与对外合作,2018 年国家林业和草原局组织了专业管理人员分别赴美国、加拿大、韩国等国家进行学习交流。同时,积极促进与国外的合作,如大熊猫国家公园与加拿大贾斯珀国家公园、麋鹿岛国家公园缔结为姐妹国家公园,与芬兰、法国等开展国家公园建设与管理等方面的合作等,大力推进我国以国家公园为主体的自然保护地体系的建立与完善。

三、国家公园试点创新

目前,我国已在青海、吉林等 12 个省份建立了三江源、祁连山、东北虎豹、大熊猫、福建武夷山、湖北神农架、浙江钱江源、北京长城、云南普达措和湖南南山等 10 个国家公园试点,总面积约 22 万平方千米,占全国陆地面积的 2.3%。其中三江源是我国第一个国家公园体制试点,总面积为 12.31 万平方千米,是试点中面积最大的一处;大熊猫试点整合了四川、甘肃、陕西三省的 81 个自然保护地,是目前所有试点中涉及省份最多、人口最多、保护地类型和数量最多的国家公园试点,公园内野生大熊猫的种群数量占全国 87%,栖息地面积占全国 70%。下文中我们将以这两处试点区域为案例,介绍国家公园体制试点的具体情况。

(一)三江源国家公园试点

位于青海省的三江源地区素有"中华水塔"的美誉,是长江、黄河、澜沧江的发源地,三江源国家公园是国务院批准的我国第一个国家公园体制试点,推进顺利,成果斐然,生态管理水平不断提升,试点效应显著。

1. 试点背景

三江源国家公园包括黄河源、长江源、澜沧江源三个园区,整合了可可西里国家级自然保护区、三江源国家级自然保护区,总面积达到 12.31 万平方千米,占整个三江源区域面积的 31.2%,涉及青海省玉树藏族自治州杂多县、曲麻莱县、治多县,果洛藏族自治州玛多县和可可西里自然保护区管辖区域等 12 个乡镇、53 个行政村,平均海拔在 4500 米以上,公园内面积大于 1 平方千米的湖泊有 167 个。

2. 制度安排

三江源国家公园试点领导小组由青海省委书记、省长任双组长,厘清了自然资源所有权和行政管理权的关系,确立了绿色建园、科技建园等十大理念,解决了执法不力、多头管理的问题。在具体推进工作中主要有以下几方面的措施。

第一,强化顶层设计,构建科学的制度体系。三江源国家公园构建了"1+5"的规划体系,在《三江源国家公园总体规划》基础上,进一步制定了生态保护、管理、社区发展和基础设施建设、生态体验和环境教育、产业发展和特许经营等五个专项规划,同时出台了功能分区管理办法,健全了管理制度。

第二,探索共建共享机制,提高民生福祉。建立由牧民、社会公众参与的特许经营机制,促进社区民众就业、创业参与率,全面落实生态补偿政策,完成自然资源资产确权承包登记工作,积极开展牧民生产经营创新工作,并实施产业扶贫、安居脱贫、脱贫保险、互助资金及教育培训项目,提高园区群众的幸福感和获得感。

第三，提高监管力度，促进高效工作。根据《三江源国家公园生态管护员管护绩效考核管理细则（试行）》，进一步加大对园区工作人员的监督、管理、考核与培训，完善工作制度，提高工作效率。

第四，加强对外合作，提高园区建设的科技支撑。积极与世界著名国家公园开展多层次、全方位的合作交流，建立姐妹公园协作关系，借鉴国外成功经验，推进园区建设。同时，进一步加强与国家级、兄弟省市的对口联系，推动建立相关专业人才交流与合作机制，成立专家咨询委员会，提高园区建设中的科技、管理与人才方面的支撑力度。

3. 制度要求

为实现山水林草湖组织化管护、网格化巡查，三江源国家公园根据制定的相关规划与政策，创建了"一户一岗"生态管护公益岗位机制。现有持证上岗生态管护员 17211 名，财政投入达 4.8 亿元，发放补助资金达31494.96 万元，户均年收入增加 21600 元。同时，积极争取中国太平洋保险捐赠保费 165 万元，投保人身意外伤害保险风险保障保额高达 55 亿元。

此外，结合"项目生成年"活动，从选址、资金保障等项目前期工作入手，切实推动项目进展，科普教育服务设施、大数据中心二期、展陈中心建设等重点建设项目均已落地，据统计已完成各类投资超过 8 亿元。同时，在进行自然资源资产摸底调查的基础上还促进了大数据平台的建立，完成了自然资源统一确权登记试点。

三江源国家公园的建设分三个阶段有序推进：

到 2020 年，基本完善和建立国家公园体制、相关的法规政策及标准体系，正式建立三江源国家公园。

到 2025 年，国家公园保护和管理体制机制更加健全，园区内生态环境质量更高，形成一整套独具特色的国家公园服务、管理和科研体系，全面形成绿色发展方式。

到 2035 年,建成现代化的国家公园,实现对园区内自然生态系统的完整保护,成为我国国家公园的典范。

4. 制度成效

三江源国家公园试点以生态保护、民生改善、和谐稳定三大任务为目标,从制度建设向巩固完善转变,从探索试点向全面推进转变,并在基础建设、监测网络、政策体系、保护管理等方面取得了较为良好的制度成效。

(1)基础建设取得新进展

试点政策制定上将生态保护与精准脱贫相结合,与牧民群众充分参与、增收致富、转岗就业、改善生产生活条件相结合,多措并举实施基础设施建设、发展生态畜牧业,广大农牧民生产生活条件得到明显改善。2019年底,文化旅游提升工程已全部完成前期工作,且部分项目已完成总工程量 50%以上;三江源二期工程已全部完成前期工作并全面开工,完成总工程量 80%以上;省财政体制试点项目已全面完工;退牧还草工程前期工作已全部完成,正在开展招标工作。

(2)建立了"天地一体化"生态监测体系

完成了生态大数据中心(一、二期)建设,初步建立了国家公园云管理系统和大数据平台,建设了覆盖三江源 39.5 万平方千米人类活动 2 米级分辨率与生态系统 15 米级分辨率基准体系,初步实现园区各类数据在统一时空基准框架下的标准处理、整合统筹、动态接入、直观展示与可信决策,为园区提供空间信息基准支撑,有力推进国家公园基础数据成果的转化应用。同时,搭建地面远程监控系统及配备无人机,搭载高清相机、红外相机、多光谱成像仪、高光谱成像仪等,建设服务于常规生态监测项目以及针对灾害、安全事件以及执法等的环境监测系统,初步建成"天地一体化"监测网络体系。

(3)完善了国家公园政策制度体系

在施行《三江源国家公园条例(试行)》和 12 个管理办法的基础上,分别制定了《三江源国家公园环境教育管理办法(试行)》及《关于建立三江源生态公益司法保护和发展研究协作机制的意见(试行)》,以达到充分发挥国家公园的全民公益性与教育性、探索构建重点生态功能区域生态公益司法保护协作机制的目的。

(4)加大了依法严格保护管理力度

扎实开展了"绿盾"等专项行动,2019年共核查人类活动监测点位266处,检查各类木材加工和运输场所24处,巡查自然保护地、野生动物活动区域61处,营造了良好的执法环境,实现了依法建园的良好开局。严格建设项目准入审查,年内共受理自然保护区建设准入核查项目201个。扎实开展中央环保督查及"绿盾2019"自然保护地监督工作,对保护区内涉及417处设施点位整改情况以暗访的形式进行为期15天的实地检查,对涉及宗教设施、原住民生活设施、自然地貌、基础设施、扶贫设施等各类具有代表性的点位进行了现场检查。

5. 创新评价

三江源国家公园地处青藏高原腹地,是我国和亚洲重要的淡水供给地。作为中国第一个国家公园的试点区域,三江源国家公园通过顶层规划、共建共享、交流合作,取得了较为成功的保护管理经验。首先,在保护地的规范上实现了统一的管理。其次,整合了管理机构,解决了多部门重复管理的问题。同时,制定了一系列的标准体系,形成了较为成功的制度体系,为其他地区的借鉴与推广提供了良好的范本。

(二)大熊猫国家公园试点

大熊猫是我国独有的珍稀濒危动物,被誉为"国宝"和"活化石",是我国与世界交流的和平使者,保护大熊猫及其栖息地具有全球意义和价值。大熊猫国家公园体制试点两年多来,取得了积极成效,在总结经验的基础上,可以进一步探索高水平建设大熊猫国家公园的有效路径。

2017 年 1 月,中共中央办公厅、国务院办公厅印发《大熊猫国家公园体制试点方案》,决定在四川、陕西、甘肃三省大熊猫主要分布区域,开展大熊猫国家公园体制试点,总面积 2.7 万平方千米,其中四川占 74.4%。

1. 试点背景

大熊猫国家公园是党的十八届三中全会明确的重点改革任务,试点方案由习近平同志亲自审议通过,政治责任重大,时代使命极强。这是践行习近平生态文明思想的重要举措,是自然保护领域最高层级的国家意志、国家符号。这是对自然生态系统原真性、完整性的最好保护,对于维护长江乃至全国生态安全具有重要作用。这是山水林田湖草系统治理的重要体现,是实现人与自然和谐共生的有效载体。这也是我国作为负责任大国的形象昭示,彰显国家形象,是构建人类命运共同体的具体践诺。

同全国正在试点的其他九个国家公园相比,大熊猫国家公园试点区域在保护物种、地理区位、自然条件等方面极具特殊性。一是旗舰物种国际最关注。大熊猫是从 800 万年前的中新世晚期走来的孑遗物种,数量稀少,分布范围窄,是全球生物多样性保护的"旗舰物种"和"伞护种",已成为世界自然保护的标杆。二是生物多样性全球最丰富。区域内拥有除海洋、荒漠以外的主要生态系统类型,是全球 25 个生物多样性热点地区之一,生存着包括大熊猫、川金丝猴等在内的 8000 多种野生动植物。三是地质地貌最活跃。区域横跨秦岭、岷山、邛崃山、大相岭、小相岭、凉山六大山系,南北跨度 588 千米,东西跨度 600 千米,海拔高差近 5000 米,是全球公认的地貌最复杂地区之一,近 10 年发生了三次 7 级以上大地震。四是人为活动最频繁。区域人类活动可上溯至先秦,涉及川陕甘三省 17 个市(州)、49 个县(市、区)、146 个乡镇、9.31 万人,以采矿、水电、旅游等为主的资源依赖型、消耗型开发活动强度很大。五是资源资产构成最复杂。区域内有集体土地 7824 平方千米,占总面积的 28.83%。国有土地及其附属资源、资产由国家、省、市、县各级政府及主管部门分别或交叉行使所有权和管理权。

2. 制度安排

一是创新管理体制。成立大熊猫国家公园管理局,整合分布在四川、陕西、甘肃等地的各类保护机构及人员,将原本分散、零散的管理与保护形成合力,并组建资源环境综合执法队伍,负责自然资源核查与清理工作,构建高效、系统的生态保护管理体系。

二是确定园区范围。与其他国家公园试点不同,大熊猫国家公园主要依据野生大熊猫的种群分布、栖息地等情况,按照同山系、临近相似区域管理的原则,确定国家公园的边界,并按照大熊猫的分布特征、濒危度等确定核心保护区、生态修复区、传统利用区和科普游憩区,加以管理与保护。

三是加强生态保护。实施天保工程、退耕还林等生态工程,积极修复大熊猫生存环境,加强珍稀濒危野生动物抢救保护,改善生态环境质量。

四是推动可持续发展。合理规划,积极引导,有序疏导和迁移园区内的居民和产业,建立产业准入负面清单,通过技能和创业培训提高居民的创收能力,减少园区内的人为干扰,实现园区的可持续发展。

五是建立容量控制机制。大熊猫国家公园具有极强的生态教育功能,但在有序开展科普工作的同时,必须依据环境承载力和生态监测,动态确定园区访客的容量,建立入园预约机制和访客行为管理与引导机制。

3. 制度成效

通过各方面积极努力,大熊猫国家公园试点取得阶段性成效。一是区划范围基本明确。在总面积不减少的前提下,经过几次微调,公园内建制乡镇已全部调出,居民聚居点、集体土地和矿权、水电等生产经营设施大大减少,保护与发展的矛盾得到缓解。二是管理架构基本建立。国家和省级管理机构组建成立,四川省内七个管理分局挂牌成立,国家、省、市(州)三级管理初步建立。三是人为活动得到管控。试点区内新设采矿权、商业性探矿权、新建水电站等项目审批全面停止,不符合保护和规划要求的建设项目已禁止进入,非法生产经营设施已全部关闭退出。四是大熊猫保护统筹跟进。大熊猫栖息地、交流廊道保护修复和监测巡护得到强化,新建了大相岭、岷山两个大熊猫野化放归基地,放归大熊猫四只,在川人工圈养大熊猫 480 余只。五是促进了当地民生。将现有各类保护地管护岗位统一归并为 11993 个生态管护公益岗位,吸纳社区居民就业。

4. 创新评价

大熊猫国家公园体制试点围绕以大熊猫为核心进行生物多样性保护、创新生态保护管理体制、探索可持续的社区发展机制、构建生态保护运行机制、开展生态体验和科普宣教等五个方面展开试点。该试点方式既可以有效保护珍稀物种,实现大熊猫稳定繁衍生息,也可以促进生物多样性保护,维护生态系统的完整性和原真性。

第三节　生物多样性保护

生物多样性是动物、植物、微生物等生物与环境形成的生态复合体以及与此相关的各种生态过程的总和,包括生态系统、物种和基因三个层次。生物多样性为人类的生存与发展提供了食物、药物、燃料等生活必需品,并为人类社会的经济社会发展提供了各种生产原料的支撑。同时,生物多样性也维护了自然界的生态平衡,在稳定环境方面发挥着关键性的作用,可以说生物多样性是地球生命的基础。

权威专家指出,目前地球正面临着继 650 万年前恐龙灭绝后最大的一场生物多样性危机,全球每一小时就有一个物种消失,现在物种丧失的速度要比人类干预前的自然速度快 1000 倍。为应对日益严重的全球性生物多样性危机,1992 年在巴西里约热内卢召开的联合国环境与发展大会上通过了《生物多样性公约》,于 1993 年 12 月 29 日正式生效。目前已有 196

个国家加入该公约。

中国是世界上生物多样性最为丰富的国家之一，也是最早加入《生物多样性公约》的国家之一。生物多样性保护工作是习近平同志倡导的人与自然和谐共生的集中体现。特别是在党的十八大以后，随着生态文明建设的大力推进，我国的生物多样性保护工作发生了历史性、转折性、全局性变化。

一、生物多样性保护的背景

全球正在经历第六次物种大灭绝。为了应对这一严峻挑战，《生物多样性公约》第十次缔约方大会通过了《生物多样性战略计划》（2011—2020年）。我国也在生物多样性保护方面取得了巨大成就，通过绿盾行动和环保督察提升了生物多样性保护的力度，陆地自然保护地覆盖率达到18%。但总体来看，我国生物多样性下降的趋势仍未得到有效遏制，环境恶化、生态退化、资源过度利用、全球气候变化以及城镇化快速发展都显著影响着我国生物资源的生存与可持续发展。数据显示，我国受威胁物种中高等植物、特有高等植物及脊椎动物分别达11%、65.4%和21.4%，同时六至七成的野生稻分布点已经消失，造成大面积危害的外来入侵物种超过100种，遗传资源丧失和流失情况严重。

为更好地保护生物多样性，我国于2010年成立了中国生物多样性保护国家委员会，委员会由国务院副总理担任主任、25个部委和单位共同参与。同时，发布了《中国生物多样性保护战略与行动计划》（2011—2030年），并建立了监测网络。现在，我国已建成约占全国陆地面积18%的各种类型陆域保护区，总面积达170多万平方千米，提前完成了《生物多样性公约》中提出的在2020年达到占全国陆地面积17%的保护区目标。

二、生物多样性保护的制度安排

生物多样性保护是我国生态文明建设当中的重要内容之一，从规划到政策再到管理机构,我国自上而下构建起生物多样性保护的大格局,实施了一系列重要的举措与办法,为全球生物多样性保护贡献了中国方案与中国智慧。

(一)完善生物多样性保护的制度与规划

2016 年发布的《全国生态保护"十三五"规划纲要》明确要求进一步完善生物多样性保护决策与推进机制。同时,将生物多样性保护纳入各类规划中,从不同角度、多个层面,确定生物多样性的保护目标、方面与范围,并部署了重大工程、自然保护区、调查评估、生物资源保护库等重点任务。

在全国大力推进生态文明建设,重点打好污染防治攻坚战的具体规划中,也提出将空气、水、土壤污染对生物多样性产生的威胁与影响控制到最低,《全国生态保护与建设规划(2013—2020 年)》《全国水土保持规划(2015—2030 年)》《全国海洋主体功能区规划》等相关制度政策的制定,从陆地到海洋系统筹谋,全面为生物多样性保驾护航。

(二) 加强生物多样性保护的能力建设

自 1956 年第一个自然保护区建立以来,我国已建有 2750 处自然保护区。这些占我国陆地面积 15% 的保护区让国家重点保护的 300 余种珍稀濒危野生动物的主要栖息地、130 多种珍贵树林的分布区得到了较好的保护,也保护了我国 85% 的陆地生态系统类型、85% 的野生动物种群和 65% 的高等植物群落。

在进行生物多样性保护中,进一步加强就地保护,这种方式不仅可以保护生物个体、种群或群落,还能维护其所在区域生态系统中能量和物质运动的过程,保证物种的正常发育与进化过程以及物种与其环境间的生态学过程,并保护物种在原生环境下的生存能力和种内遗传变异度。同时,对于那些因生存条件极度恶化或消失、其生存和繁衍受到严重威胁的物种,合理开展迁地保护,为濒临灭绝的物种提供最后的生存机会,以切实保护生物多样性不受破坏。

(三) 促进生物资源的可持续发展

据《生物多样性和生态系统服务全球评估报告》称,地球上约 800 万物种中有多达 100 万种正面临着灭绝的威胁,有一些物种很可能在未来数十年内就会完全消失。以海洋为例,2015 年全球有三分之一的鱼类资源以不可持续的方式被捕捞,这一行为已严重影响了全球的生物多样性。

在这样严峻的情形下,我国大力采取休渔、休耕、轮作等措施,减少对生态系统的过度开发,促进生物资源的可持续发展。同时积极推进生物遗传资源及相关传统知识的惠益共享,鼓励科研创新和知识产权保护,并切实提高应对生物多样性新威胁和新挑战的能力,尤其是在应对气候变化、外来物种入侵、有害病原体和转基因生物对生物多样性和人类健康的影响方面,积极作为,节能减排,有效防控,为全球生物多样性保护贡献力量。

(四) 增强公众参与意识,加强国际交流与合作

积极推进生物多样性国际合作与履约,组织协调相关部门,共同履行好《生物多样性公约》,以国内工作支撑完成履约责任,并积极参与"生物多样性与生态系统服务政府间科学—政策平台"的相关工作。

同时,积极开展多种形式的宣传工作,提高人民群众对于生物多样性保护的了解与关注,如在每年 5 月 22 日的国际生物多样性日,政府和媒体都组织了丰富的活动,加大对公众的宣传力度,普及生物多样性的相关知识,让普通民众了解保护生物多样性的重要性、紧迫性与重大意义,增加公众的参与意识。

三、生物多样性保护的制度成效

中国是首批加入《生物多样性公约》的国家之一,被评为履行《全球植物保护战略》先进国家。目前,我国超过 90％的陆地自然生态系统类型、

111

89%的国家重点保护野生动植物,以及大多数重要自然遗迹都得到有效保护。

(一)保护体系得到系统建立

目前,我国已有2750处自然保护区,以国家公园为主体的自然保护地体系正在积极地构建中,10个国家公园试点已取得了初步的成效,很快将在全国广泛推进。同时,还建有1000多处风景名胜区、3500多处森林公园、900多个国家湿地公园等各类型的自然保护区,已经基本建成类型较齐全、布局基本合理、功能相对完善的自然保护地体系。

(二)野生动植物得到有力保护

依托自然保护地体系,全国已建动物园240多个,野生动物救护繁育基地超过250处,60多种珍稀、濒危野生动物人工繁殖成功。全国250多座植物园收录了2.3万多种植物,保育了60%以上的本土植物、40%的珍稀濒危植物。中国西南野生生物种质资源库保存了2万多种种质资源。

(三)生态系统得到有效恢复

约占全国国土面积五分之二的草原已得到有效保护,累计增产鲜草8.3亿吨。森林总量持续增长,覆盖率达到21.66%;天然林面积稳步增加(达29.66亿亩),人工林面积长期居世界首位(达11.8亿亩)。湿地保护从抢救性保护进入全面保护新阶段,拥有国际重要湿地57个,建成湿地自然保护区600多个,全国湿地保护率达52.2%,海口等6个城市获得全球首批"国际湿地城市"称号。

第四章　严明生态环境保护责任制度

党的十八大以来,党把制度建设摆到更加突出的位置,尤其在党的十八届三中全会以后,推动全面深化改革在各领域取得显著成效。推进生态文明建设已成为党和政府不断强化的政治站位与治国理念,并已融入各级党委、政府的常态化工作,占据着日益重要的地位。建立完善严明的生态环境保护责任制度,尤显重要。

《中共中央关于坚持和完善中国特色社会主义制度 推进国家治理体系和治理能力现代化若干重大问题的决定》提出严明生态环境保护责任制度。建立生态文明建设目标评价考核制度,强化环境保护、自然资源管控、节能减排等约束性指标管理,严格落实企业主体责任和政府监管责任。开展领导干部自然资源资产离任审计。推进生态环境保护综合行政执法,落实中央生态环境保护督察制度。健全生态环境监测和评价制度,完善生态环境公益诉讼制度,落实生态补偿和生态环境损害赔偿制度,实行生态环境损害责任终身追究制。

第一节　建立生态文明目标考核体系

2015 年,中共中央、国务院印发了《生态文明体制改革总体方案》,标志着生态文明目标考核体系成为我国生态文明制度建设的一项重要工作。

方案提出"建立生态文明目标体系。研究制定可操作、可视化的绿色发展指标体系。制定生态文明建设目标评价考核办法，把资源消耗、环境损害、生态效益纳入经济社会发展评价体系。根据不同区域主体功能定位，实行差异化绩效评价考核"，其核心目的是改变以国内的生产总值为单一"指挥棒"的现状，让生态文明目标评价考核结果发挥重要作用，使其成为领导干部的综合考核评价以及干部奖惩、任免的重要依据。生态文明建设要想真正落在实处，就必须建立和完善生态文明目标考核体系，使其成为全国生态文明建设的"指挥棒"。2016 年，中共中央办公厅、国务院办公厅发布的《生态文明建设目标评价考核办法》提出，"生态文明建设目标评价考核在资源环境生态领域有关专项考核的基础上综合开展，采取评价和考核相结合的方式，实行年度评价、五年考核"，随之《生态文明建设考核目标体系》和《绿色发展指标体系》也正式发布，"一个办法、两个体系"的制定成为我国生态文明建设目标考核工作开展的重要依据。

一、绿色发展评价制度

(一)绿色发展评价的演变

1. 起源和政策发展

作为生态文明建设目标考核的重要内容之一，绿色发展评价起源于"绿色经济"。这一概念最早是在大卫·皮尔斯所著的《绿色经济蓝皮书》一书中提出，这是为应对气候变化、资源紧缺和金融危机而提出的一种实现经济、生态、社会和谐统一的可持续发展方式。实现社会经济发展与生态环境保护的协调和可持续发展，是我国开展生态文明建设的重要路径，也是社会经济发展方式的必然趋势，绿色发展评价及其体系的构建则是实现绿色发展的重要保障，是评估国家或某个区域绿色发展水平的标准。

2011 年，"十二五"规划中提到，通过节能减排，实现经济的绿色低碳发展,走可持续发展之路,这是第一次正式提出要发展绿色经济;2012 年,党的十八大报告,为坚定不移地走中国特色社会主义道路,要转变经济发展方式,明确提出"推进绿色、循环、低碳发展","绿色发展"正式从国家层面提出;2015 年,党的十八届五中全会提出贯彻落实创新、协调、绿色、开放、共享的发展要求,绿色发展作为我国"十三五"规划的重要内容,演变形成较为系统、全面的绿色发展顶层设计;2016 年,中共中央办公厅、国务院办公厅印发的《生态文明建设目标评价考核办法》,对我国生态文明建设做出具体规定,指出绿色发展评价成为生态文明建设的年度评价,并将其体系纳入评价的重要内容,随后配套印发了《绿色发展指标体系》,将绿色发展评价作为常态化工作展开。

2. 绿色发展评价指标体系

继 2012 年提出"绿色发展"后,绿色发展水平评价指标的选择及其体系的构建成为学界研究热点,学者们纷纷探索绿色发展的实现路径。由于地区发展阶段的不同以及区域文化、经济上的差异,绿色发展评价指标体系可概括为三类:一是绿色经济测算体系;二是绿色发展多指标评价体系;三是绿色发展综合评价指数。首先,绿色经济测算体系是指在反映经济总量的同时,也反映经济活动对资源环境所造成的消耗成本无污染代价,1993 年联合国统计局提出的环境经济账户(SEEA)为各国绿色经济测算体系的构建提供了重要的理论框架和基本方法。其次,绿色发展多指标评价体系是将绿色指标体系的构建和指标选取都包含在内,通过各种核心指标基于不同角度出发来反映区域绿色发展进步的情况,直接显示出绿色发展促进和制约的因素,不需要通过指标加权,但是无法与综合指数一样从总体上对绿色发展进行评估。最后,绿色发展综合评价指数是在选择核心指标的基础上,根据各指标的特性分别赋予其对应的权重,可反映地方在一段时间内的绿色发展水平。

(二)绿色发展评价的创新实践及基本经验

1. 资源环境综合绩效指数(REPI)

2006 年,中国科学院可持续发展战略研究组提出 REPI,该指标体系通过对国家和地区资源消耗和污染排放绩效的监测,来综合评价国家和地区的发展水平,REPI 与节约程度、环境绩效水平呈负相关。REPI 指标体系由污染物排放强度和资源消耗强度两个一级指标构成,下设二级指标 7 个,其中污染物排放强度包括能源消耗强度、化学需氧量排放强度、SO_2 排放强度、工业固体废物排放强度,资源消耗强度包括单位 GDP 固定资产投资、用水强度、单位 GDP 建设用地规模。采取等权赋值的方法,对中国各省 2000—2009 年的资源资产环境绩效进行了综合评价,以反映各省市之间资源有效利用的技术水平和社会经济的发展对资源环境产生压力的相对差距。

在此基础上,黄和平等(2010)基于评价的直观性和有效性,对 REPI 进行了适当改良,主要体现在两个方面:一是环境绩效水平或节约程度与 REPI 呈正相关关系;二是通过专家咨询法对指标权重重新赋值。改良后的方法能更直观、真实地进行评估,并用此方法综合评估了江西省资源环境绩效。

2. 中国绿色发展指数

2010 年,我国第一套比较完整的绿色发展评价的指标体系由北京师范大学等编制而成,即中国绿色发展指数。该指标体系将绿色与发展相结合,强调了政府对绿色管理的引导作用,提升了绿色生产水平,其内容全面、适用性强。指标体系包括三个层面,分别为资源环境承载力、经济增长绿化度、政府政策支持度,设置了二级指标九个、三级指标 55 个。另外,各地区根据实际情况选用的调整指标也列入备用,并根据各个领域的专家反复斟酌分析确定指标权重。通过该指标体系综合全面评估了全国 30 个省、自治区、直辖市的绿色发展水平及全国平均水平。

3. 绿色发展指标体系

《绿色发展指标体系》于 2016 年正式印发，是我国生态文明考核的依据。指标体系分为七个方面，分别是：环境质量、环境治理、资源利用、生态保护、绿色生活、增长质量、公众满意程度。下设二级评价指标 56 项，其中比较特殊的为公众满意程度，其与群众直接联系，因此将其作为单独评价与分析的一项，余下的 55 个指标采用综合指数法进行测算，形成绿色发展指数。根据所得结果，分析并评价区域的绿色发展情况，将该评价结果作为年度生态文明建设考核的主要内容，可反映当地的生态文明建设进展情况。在此指标体系基础上，中国官方首次测算和评价了全国各省的绿色发展指数，并将结果公布于《2016 年生态文明建设年度评价结果公报》中。由于地域差异性和主体功能定位的不同，在实践中可允许差异化构建指标，以《绿色发展指标体系》基本框架为指引，各地区可根据地区实际，对部分具体指标的选择、权数的构成以及目标值的确定进行调整，形成差异化、针对性的地区特色指标体系。如马志帅等（2019）在构建安徽省绿色发展水平指标体系时，以《绿色发展指标体系》为框架基础，选择了资源绿色利用、经济绿色增长、绿色生活和环境绿色治理四个方面，下设 28 个二级指标，采用熵值法和层次分析法相结合的方法，综合评价了安徽省的绿色发展水平，分析得出该指标体系更加简便、合理，更能体现安徽省实际情况。

4. 绿色发展评价应用

当前，我国绿色发展评价的应用较为宽泛，按照尺度和领域不同主要有以下几个方面。

（1）区域层面绿色发展评价

在区域层面，李琳、楚紫穗（2015）等构建了区域经济与产业绿色发展指数的评价指标体系，以经济、资源、政府三个维度为出发点，选择社会经济与产业绿色增长度、资源对环境的承载力和政府政策支撑力为三大指标框架,通过主成分分析法,计算并比较分析了我国 31 个省市 2007—2012年的区域产业绿色与发展评价指数平均值。刘纪远等(2013)基于四大资本,即以自然、经济、社会、人力资本为核心,构建了我国西部绿色发展评价指标框架。

(2)省级层面绿色发展评价

在省级层面,戴鹏(2015)基于青海省的地域特殊性,采用三级指标框架,构建了青海省绿色发展水平评价指标体系。该指标体系由五个一级指标各为起点,分支下设 10 个二级指标及 58 个三级指标。韩美丽等(2014)通过对山东省 17 地市展开深入研究和综合分析,立足于山东省实际,探索构建了山东省绿色发展评价指标体系,同样采用三级指标框架,包含了三个一级指标即经济可持续增长绿化度、政府政策支持度和资源环境承载潜力,分支下设二级指标九个和三级指标 38 个。

(3)城市层面绿色发展评价

在市级层面,欧阳志云等(2009)构建了我国城市绿色发展评价体系,该评价体系指标包括七个方面,分别为废弃物综合利用、废水处理、城市绿化、生活垃圾处理、环境治理投资、高效用水和改善空气质量。张攀攀(2016)对武汉市绿色发展评价体系进行了研究,他从生态资源节约利用、经济增长绿化效率和绿色发展制度三个方面搭建了体系框架,根据熵权系数的计算方法,综合评价分析了武汉市的绿色发展水平。

(4)产业层面绿色发展评价

在产业层面,卢银桃等(2010)研究出工业绿色发展程度的分析模型,并提出了工业绿色发展水平评价指标体系。胡书芳(2016)基于绿色指标、发展指标两个方面,设置三级指标框架,对浙江省的工业支柱产业——制造业进行绿色发展评价,建立了浙江省制造业的绿色发展水平评价体系。

（三）绿色发展评价的创新方向

在国家的鼓励以及《绿色发展指标体系》等众多绿色发展评价理论研究的指引下，我国多个地区开展了多层次、差异化的绿色发展评价实践应用。但如何将绿色发展评价实践经验反馈到上层政策，并融入产业调整当中，还需进行进一步的深入研究。一方面，这需要更多的时间和经验去构建一个国家、省、市、县层级结构以及各个行业的绿色发展评价指标体系网络，以实现上级指引下级、下级反馈上级、行业平行联结的功能框架。另一方面，当前众多的绿色发展评价体系中，有从环境、文化、社会、经济等不同系统形成不同的搭配来构建指标体系，也有从绿色和发展两个方面分别进行指标构建的，哪种评价体系更加符合现今绿色发展的内涵和当今社会的发展现状还需要深入探索。

此外，以交叉学科角度分析和动态评价为基础的绿色发展评价体系研究，将会是未来绿色发展评价的重要创新方向；考虑到区域发展阶段的异质性，能客观反映不同发展阶段地区绿色发展水平的绿色发展评价，才是现实所需。发展阶段会影响地区资源利用和污染物排放水平，因此下一步的研究重点必须将此纳入考量范围，结合环境库兹涅茨曲线等特征的理论，构建区域发展阶段与资源利用、污染排放相互联系的绿色发展评价模型。同时，随着生态学的 Lotka-Volterra 共生模型以及基于"绿水青山就是金山银山"理念的绿色发展评价体系二者的融合发展，从生态学角度对绿色发展进行评价，将会成为绿色发展评价重新诠释现代绿色经济的新途径，这更加贴合国家对绿色发展的政策导向。

二、生态文明建设考核制度

党的十八大之后，我国加大了对生态文明目标考核体系的研究力度，生态文明建设绩效考核全面铺开。

（一）生态文明建设考核的制度演变

2015 年,生态文明建设考核体系的要求在《关于加快推进生态文明建设的意见》中提出。同年 9 月,中共中央、国务院印发的《生态文明体制改革总体方案》指出要健全生态文明绩效评价考核和目标责任追究制度。2016 年,中共中央办公厅、国务院办公厅发布《生态文明建设目标评价考核办法》,规定实行五年为一周期的考核。自 2016 年实施以来,我国已经存在了多个生态文明建设绩效的评价结果。

总体看,生态文明绩效考核提出了一个理念,考核的具体标准、考核办法、考核范围和界线尚未明确,缺乏全国统一的党政干部生态环境政绩考核体系标准,许多地方也只是探索,多种政绩考核实践模式并存。

（二）生态文明建设考核的创新内容

1. 准确定位考核目的

生态文明建设评价考核制度的目的,是开展此项制度的核心之一。首先,要充分了解地方及行业对于生态文明建设目标任务的进程及效果,通过阅读材料、实地考核、查询资料等掌握被考核对象的情况,根据其考核结果,评价一段时间内地方及不同行业的生态文明建设是否符合要求。其次,通过考核评价,加强被考核对象对生态文明建设的重视,将生态文明建设放在首要地位,促进和勉励其完成生态文明建设的重要任务,推动生态文明建设的发展,融入经济、政治、文化、社会等,增强社会绿色发展,为我们的子孙后代营造绿色、环保、健康的时代。再次,各级干部应该以绿色发展的政绩观为导向。愿意干实在的事,乐于谋长远的事,要尊重自然、保护自然,推动绿色发展。针对发现的问题,进行分析讨论并总结,准确找到改进方法,提出切合实际的解决措施并加以落实。最后,通过绩效评价考核结果,总结分析不足或未达标的指标,根据发现的问题对症下药,高效解决生态文明建设中的不足,逐渐加强完善管理、治理等制度。根据考核结果反过来对考核目标、考核方式等不断改进，结合实际情况不断完善，推动生态文明建设迈出更好更大的一步。

2. 适当扩大考核主体

生态文明建设的考核主体应当考虑所有与生态文明效益相关的群体，以更全面、准确地反映生态文明建设效果。环境建设、社会经济、社会文化、法律法规等方方面面都涉及生态文明建设，与人民群众的生活息息相关，进一步证明与生态文明建设的相关主体都应参与评价考核。生态文明建设的考核主体主要分为三大群体。

一是群众考核主体。人民群众是生态文明建设成果最直接的受益体，生态文明建设直接关系到人民群众的生活质量，且保证和提高人民的生活环境、促进人民的生活质量才是生态文明建设的最终目的，因此人民群众参与生态文明建设考核评价是必然的选择。为了考核评价的客观性和准确性，在选择群众考核主体前，应该让群众学习提高生态文明知识以及相关信息；选择的考核主体应具有广泛性，学生、老人、儿童等都应该包括在内，也应该注重其随机性，保证考核的公正、公平进行。

二是上级考核主体。上级领导站在更高的位置，有着不一样的视野，不仅对生态文明建设充分理解，更能结合新变化和新发展客观、全面地评价生态文明建设的水平高低。因此我们不仅要对生态文明建设的考核目标严格对照，也要对该地区上级领导对考核对象的评价意见严肃对待。

三是第三方及专家考核主体。为了增强评价考核的科学性、客观性、使考核结果更具说服力，对于一些有着很强技术性的评价指标以及一些专业化程度较高的评价指标，若是由群众或上级领导来评价可能不被社会认可，因此必须引进一些具有技术含量的第三方或者高级专家来对相关指标进行考核，考核结果才能被广大人民接受。

3. 科学确定考核指标

构建目标考核制度的关键为目标考核指标是否具有系统性、简洁性和科学性。为了使考核评价具有强大的导向性和推动作用,科学确定考核指标极为重要。这不仅是推进我国生态文明建设的关键,也是领导干部的重要评价依据,还能反映生态文明建设努力的方向。因此考核指标的确定至关重要,而科学的考核指标不可或缺。在 2016 年我国印发的《生态文明建设考核目标体系》中列出了资源利用、生态环境保护、年度评价结果、公众满意程度和生态环境事件等 5 个目标类目,包含了 23 个考核指标。指标涵盖了经济发展情况和质量、生态环境建设的情况、生态文化的传播情况。但是在具体考核指标设计时还是要根据各地区经济社会发展水平和资源环境特点,不断改善考核指标,形成符合各主体功能定位的导向机制,使评价考核更具科学性、针对性和指导性。

4. 全面有效地实施考核

要全面有效地对各地区进行综合考核,就要建立一套体现我国生态文明建设特色和要求的评价考核体系和实施办法。一是坚持定量考评与评语考评方法相结合,运用定量考评和评语考评方法进行综合考核。评语考评是指采用经验判断和观察的方法,侧重于从行为方面对人员进行考评;定量考评是指采用量化的方法,侧重于从行为的数量特点对人员进行考评。在绩效考评的过程中,如果仅进行评语考评,则只能反映考核对象的性质特点;仅进行定量考评,则可能会忽视考核对象的质量特征,使得考评不完全。这就需要将定性与定量结合起来,实现有效的互补,做出全面、有效的评判。根据评价考核指标的主客观性质,综合运用评语考评方法和定量考核方法,特别是尽量运用定量考评方法进行客观评价。二是结合上级、群众和专家及第三方考核,明确各指标占比情况,使考核结果更客观,更具说服力。对群众的考核结果更要加以重视,以此获知人民的最真实的需求,让人民感受到国家对他们的重视,加强人民群众的热情和获得感。三是因地制宜。不同的地区相关经济、文化有着很大的区别,应该按照不同主体功能区定位采取差别化的方法进行考核,对同类型的主体功能区考核结果进行比较考核,体现考核的客观性与公平性,激励各个地方对生态文明建设的积极性。

5. 合理确定考核周期

生态文明建设不能一步完成,在短时间内也难有特别大的改变,因此需要一步一个脚印地去实现生态文明的建设。一是与年度考核结合建立生态文明建设的考核。二是与领导干部年度考核相结合。三是与经济发展的五年规划评估相结合。客观、合理、全面地评价领导干部国家生态文明的建设绩效,使其任期内扎扎实实一步一步地推进国家生态文明建设。

6. 强化有效激励和严肃问责

明确"考核结果如何运用",使生态文明建设评价考核制度更具说服力和执行力度。将目标考核结果作为综合考核评价和奖惩任免的首要依据,并把结果成效引入绩效考评体系,充分利用每一次考核结果,使生态文明制度建设发挥其作用。对于生态文明环境的损害和责任事件多发地,事件的相关负责人应该对其承担一定的责任,并结合相关研究完善考核中的不足,强化考核对象的生态文明建设意识,促使其构建城市的绿色发展。建立更加明确的生态文明建设考核制度,对生态文明建设的执行力度给予加强。对生态文明建设完成情况突出、考核结果优秀的地区应该给予表扬与激励,使其保持创建生态文明的激情;对考核不合格地区的负责人进行严肃追责问责,并提出整改要求,使其在一定的期限内改善生态文明考核中的不足点,从而把生态文明建设绩效评价考核构建为领导干部的绝对约束。

(三)生态文明建设考核中的突出问题

目前,生态文明目标考核的理论研究和实践已经做了许多探索,积累了丰富的理论知识和实践经验,为推动我国生态文明建设提供了理论基础和实践经验。但是,面对复杂多元且经济发展环境各异的城市自然生态和人文环境，还没有基本建立起被广泛接受和认可的城市生态文明体系建设的目标质量考核和评价体系，以至于在衡量指标的选取等方面仍然存在较大的差异，理论的研究和应用于社会实践的综合可操作性仍然有待进一步提高，可比性、推广性差。从具体工作情况和实践来看，有以下六个比较突出的方面。

一是缺乏系统性，研究比较分散。不管是理论研究还是实践探索，由于研究生态文明建设目标考核的时间到现在仍相对较短，生态文明建设目标考核在概念内涵上，意见还未形成统一，甚至对生态文明建设的内涵也未达成共识，在指标的选取、体系的构成和评价标准等方面还存在很大争议，因此亟须建立生态文明的概念框架和理论体系。

二是理论范式有待进一步创新。现有的生态文明建设目标考核体系相关研究的依据，主要还是新制度经济学的理论和研究方法，尚未摆脱工业文明"资本逻辑"的制约，理论研究应用于社会实践的可操作性有待进一步提高。

三是研究方法单一。生态文明建设目标考核现有的研究方法大多基于资料分析，大部分只是理论分析和逻辑演绎，来自实际调查的归纳总结很少，缺少来自关联分析、案例研究的经验证据。

四是国际上相关探索较少。生态文明建设的概念是由我国提出且为我国特有，因此国际的理论视域和研究经验还比较缺乏，而且学者在研究中，很少吸收、借鉴和反思国外的经验，多以介绍为主。

五是缺乏生态文明建设目标考核机制的研究。学术界对于如何推进生态文明建设目标考核灵活运转的体制机制研究还比较少，大多只是针对指标体系、评估方法的研究，未形成跨学科的系统研究。

六是难以统一生态文明目标评价指标的设置。我国现阶段还处于探索研究生态文明的阶段，关于生态文明绩效考核制度还有待统一，因此考核主体只能结合地区的实际情况进行绩效考核，缺少持续性以及地方之间的对比性。

(四)生态文明建设考核的创新方向

生态文明建设考核是一项伴随着生态文明建设而来的全新任务,既具有鲜明的时代特征,又全面而深刻地体现了当下的发展阶段和发展导向,因此生态文明建设考核的创新方向应注重与时俱进、不断完善,从而形成推动生态文明建设的长效机制。

一是强化人民群众的参与度,使生态文明绩效考核管理主体更具说服力。完善的生态文明绩效目标考核制度,应该具备健全且系统的关系机制,只有做到公平、公正的管理、分配、监督、检查,才能够更好发挥目标评价的有效作用。生态文明建设是国之大计、民之福祉,特别是当前生态文明建设涉及面广、时间短、相关的体制机制并不完善,要想更好地实现生态文明建设,切实取得成绩,增强人民获得感,就要将目标责任考核与人民群众参与紧密联系起来。做好顶层设计,强化现有的公众参与度,是提升生态文明目标考核主体多元化发展和保障生态文明建设最终取得实效的关键所在。

二是加强考核观念的转变,以新视角探索生态文明目标考核。生态文明建设至今不过 10 余年进程,相关的理论基础、内涵外延、体制机制、保障措施等均处在发展过程中,因此生态文明目标考核也应处在不断发展和演变中。在新的时期根据新的实际和发展需要,重新审核生态文明建设的重点、难点,注重对生态文明新视角的挖掘,不断丰富生态文明建设理论,不断考量生态文明建设目标,使得生态文明建设和目标考核成为紧密关联、适应需要、持续完善的一套制度体系。

三是严明责任追究,健全生态文明目标考核的实际应用。生态文明目标考核应用决定了考核的意义和生态文明建设的成败。通过建立完善的生态文明目标考核应用机制,对不符合生态文明建设目标的主体和行为进行惩罚,才能有效地将生态文明目标考核落到实处,切实推进生态文明建设。

四是应用大数据。以构建数据库进行数据分析作为首要工具,实现生态文明建设绩效考核的知识认知以及知识的深化,由单一的形态转向多元的形态。

五是体现考核对象的差异性。由于历史、自然、社会等原因,不同城市、区域有着不同的生态文明建设水平,如有些地方基础条件虽然较差,指标完成的"绝对值"相对小,但对生态文明建设付出了比其他条件好的地区更多的努力且进步十分明显。因此需要着重考虑其进步程度,用以增强和保护部分基础条件相对差、经济水平相对落后的地区推动生态文明建设的积极性。同时,生态文明建设是一个长期动态过程,不同时期的目标存在一定差异,因此绩效评价需要动态调整、灵活变化,全方面贯穿生态文明建设的全过程。

第二节　实行生态环境损害责任终身追究制

美化生态环境,坚持走可持续发展道路,是我国生态文明制度建设的重大目标。为探索构建生态文明社会,确保生态监管职责进一步得到落实,我国长期积极探索研究,力求建立一套科学的、完善的、可行的生态环境损害责任终身追究制度。

一、生态环境损害追责制度发展沿革

"在生态环境保护问题上,就是要不能越雷池一步,否则就应该受到惩罚",这是习近平同志在十八届中共中央政治局第六次集体学习时曾强调指出的内容。近年来我国"问责风"频刮,党和政府强调"官员有权必有责,用权当负责",生态损害责任追究相关的案例纷纷涌现在公众视野中,生态环境损害追责制度不断发展。通过追溯我国领导干部追责制的发展本源,

能够更加深入地研究并建立生态环境损害责任终身追究制度,为生态环境可持续发展提供重要保障。

(一)生态环境损害追责制度发展历程

我国追责制度最先以领导干部"责令辞职"这一形式提出,经过不断探索,逐渐发展成为追究党政领导干部在生态环境方面所造成的损害责任实践。如今已形成对生态环境损害责任追究制度及机制建设的规范,我国生态环境损害追责制已有 10 多年发展历程。

在我国经济飞速发展的背景下,GDP 成为评价城市发展、考核城市管理者工作成绩的重要指标,全国各地出现"唯 GDP 论",使得地方政府忽视短期内快速增长的经济引发的一系列环境问题。2006 年 2 月,经我国监察部 2005 年 12 月 31 日第 14 次部长办公会议、国家环境保护总局 2005 年 10 月 27 日第 20 次局务会议通过的《环境保护违法违纪行为处分暂行规定》(以下简称《暂行规定》)公布实施。《暂行规定》是我国颁布的第一部专门针对环境损害行为实施处分的规章制度,这一规定意味着我国生态损害责任追究制的正式起步。《暂行规定》的颁布对于贯彻落实党和国家的政策方针、惩处环境保护违法违纪行为、促进健全环保方面的法律法规,以及建设生态文明、保护自然环境等都具有深刻的积极意义。

在经济发展逐渐进入新常态后,党和国家对地方生态环境高度重视。在地方实践层面,全国各个地区均开展了多项探索领导干部生态环境损害责任追究制度的工作。2002 年,山东省政府为查处环境损害等违法行为,出台了《山东省环境污染行政责任追究办法》;2004 年,浙江省委、省政府为进一步明确环境保护责任,出台了《浙江省环境违法行为责任追究办法(试行)》;2017 年,四川省政府进一步完善修订了《四川省环境保护条例》,旨在更加有效地打击各类生态环境方面的违法犯罪行为;2019 年,贵州省委办公厅、省政府办公厅印发《贵州省生态环境损害党政领导干部问责暂行办法》以及《贵州省林业生态红线保护党政领导干部问责暂行办法》,更加明确了问责适用的范围、对象、方式、程序及结果应用等。这一系列工作为我国建立和完善生态环境损害责任终身追究制度打下了良好的基础。

为满足人民群众追求良好生态环境的需求,我国关于生态环境损害责任追究制度的探索从未间断。从党的十七大提出建设生态文明的目标,到党的十八大报告重点强调生态文明建设,并将其纳入"五位一体"总体布局,建立生态环境损害追责制度变得日益重要。2013年5月,习近平同志在中共中央政治局第六次集体学习时强调了我国"坚持节约资源和保护环境"的基本国策,在报告讲话中指出:"要建立责任追究制度,主要是对领导干部的责任追究制度,对那些不顾生态环境盲目决策、造成严重后果的人,必须追究其责任,而且应该终身追究。"2014年10月,党的十八届四中全会通过了《中共中央关于全面推进依法治国若干重大问题的决定》,文件明确提出要"建立重大决策终身责任追究制度及责任倒查机制",深入剖析了建立生态环境损害终身追责制度对我国依法治国、提高党政领导干部法律素养的深远意义,我国生态环境损害责任追究制度的健全发展愈发受到重视。同年,环境保护部印发了《环境保护部约谈暂行办法》,旨在督促地方政府解决环境问题,履行环保责任,并对全国范围内10多个存在严重环境污染问题的城市进行了党政领导干部约谈。2015年8月,中共中央办公厅、国务院办公厅印发《党政领导干部生态环境损害责任追究办法(试行)》,随着《办法》的颁布,对党政领导干部在生态环境损害方面的责任进行终身追究,正式成为一项新的制度安排,强化了各部门的生态环境职责。2019年10月,中国共产党第十九届中央委员会第四次全体会议通过《中共中央关于坚持和完善中国特色社会主义制度 推进国家治理体系和治理能力现代化若干重大问题的决定》,《决定》强调了生态文明建设,提出要贯彻"绿水青山就是金山银山"理念,建设"两型"社会,并且要"实行最严格的生态环境保护制度",剖析了从源头预防控制到落实责任追究的生态环境保护体系,包括关于固定污染源监管制度体系、陆海统筹的生态环境治理体系、生态环境保护法律体系等一系列制度机制的健全完善。实行生态环境损害责任终身追究制能够有效为加快推进生态文明建设、健全生态文明制度体系、积极构建美丽中国图景提供制度保障,一系列法律法规的颁布意味着我国始终重点关注如何正确落实生态环境损害责任终身追究制这一问题。

(二)生态环境损害追责制度的主要特点

1. 生态环境损害追责制度具有丰富的理论基础

马克思主义生态理论是生态环境损害追责制度的认识基础,生态文明理论、环境善治理论等是生态环境损害追责制度的指导性理论。马克思从人类社会和历史发展的维度诠释人与自然和谐共生的辩证自然观,深度剖析了人类、社会、自然三者之间紧张关系的内在关联性,要求人类保护自然环境,维护生态平衡。因此,我们要以马克思主义生态观为基础,坚持可持续发展,不断推动人与自然的和谐发展,建设生态文明,对生态环境损害问题"零容忍""严问责"。

生态文明理论的本质要求在于生态文明建设,而生态文明建设正是我国重要的施政方针,关乎中华民族的永续发展。加快建立生态文明制度,深化生态文明体制改革,能够有效促进"两型"社会建设,统筹人与自然的和谐发展。生态文明建设要求必须建立系统完整的生态文明制度体系,生态文明理论为生态环境损害追责制度提供了指导思想。这意味着,生态环境损害责任终身追究制成为生态文明建设中不可分割的组成部分。

我国不断向环境善治的要求迈进,其中对政府的制约和管控是环境善治实现的关键所在。因此,在国家稳步发展进程中,政府必须推行问责制度,维护自然生态平衡,实现环境与经济协同发展。督促政府与公众在生态绩效管理过程中维持紧密联系,使环境治理向合法性、有效性、公正性、透明性、法治性、回应性及参与性迈进。环境善治理论充分体现了我国政府单位在生态环保方面的价值导向,也是生态环境损害责任终身追究制的价值论来源。因此,推行生态环境损害责任终身追究制是我国在环境治理理论指导下的必要之举,有利于促进生态型政府的建立。

2. 生态环境损害追责制度的实践意义

生态环境损害的最大特点在于其不可逆性,环境污染一旦发生就难以治理,自然生态一旦破坏就难以恢复。2014年,由第十二届全国人大常委会第八次会议通过修订的《中华人民共和国环境保护法》规定"一切单位和个人都有保护环境的义务。地方各级人民政府应当对本行政区域的环境质量负责",从法律层面进一步阐明了政府部门在生态环境保护中担负的重要责任,只有党政干部在行使职权时统筹兼顾,主导协调环境与经济的发展,才能做到既发展经济又保护生态环境;只有从决策源头把握住对生态利益的关注、对生态环境的保护,才能有效解决现阶段我国生态环境损害加剧的问题。建立生态环境损害责任终身追究制,从法律角度严格约束、规范政府决策行为,监督地方政府行使职权,进一步制约地方政府的生态环境违法行为,遏制不顾生态环境的盲目决策,调动地方政府党政干部及相关部门人员保护生态的积极性。

3. 生态环境损害追责制度具有强劲的执行力度

生态环境损害追责与环保、水务、资源、林业、住建、海洋、监察、公安、交通等各个职能部门关系密切,追责手段需要更加丰富灵活,不仅包括对涉事人员进行诫勉谈话、党内警告、免职撤职、开除党籍等处分,甚至严重情况下需要移送司法机关处理。通过综合灵活运用各类追责手段,让生态环境损害追责制度戴上尖利的"牙齿"。在执行过程中严格采取终身追责制,升迁、调离、退休都无法逃脱法律的制裁,对破坏生态环境和自然资源的行为采取最严厉的处罚规定,在执法司法上实行更加严格、严密的方式,使党政干部及人民群众充分认识到破坏环境的违法行为终将付出沉重代价。

二、生态环境损害追责制度探索

习近平同志在全国生态环境保护大会上明确提出："生态兴则文明兴，生态衰则文明衰。"创新生态环境损害追责制度是改善生态环境、持续推进生态文明进程、建设美丽中国不可或缺的环节。

（一）生态环境损害认定变革

我国现行法律法规已对生态环境损害行为有所限制，但生态环境损害认定评估制度仍需完善，从 2000 年的《渔业污染事故调查鉴定资格管理办法》首次明确了环境损害评估的职责，10 多年来，不断积累经验、完善立法，我国生态环境损害认定发生了极大的变革（见表 4-1）。

表 4-1　生态环境损害认定演进历程

时间	阶段	重要/标志事件
2000—2005 年	空白期	以海洋污染环境影响、船舶污染事故评估、溢油损害经济损害研究为主
2006—2010 年	起步期	"环境损害鉴定评估中心"的成立标志着环保系统正式开展环境损害认定评估研究工作，开始涉及环境污染事件补偿策略研究、生态环境损害评估、环境污染事故经济损失评估方面的研究
2011—2012 年	快速发展期	环保部发布了《关于开展环境污染损害鉴定评估工作的若干意见》，环境损害评估在行政管理上厘清职责，在司法制度上越发完善，在损害评估与赔偿修复机制等方面也出台了许多文件，较之前更为成熟
2013—2016 年	稳定发展期	两高以司法解释的方式对环境污染的刑事责任做了严格的规定，主要内容是对环境犯罪的入刑标准做了规定，同时，最高人民法院开始试点创立环境资源审判庭； 环保部根据试点经验，对评估推荐方法进行了修订，发布了评估认定方法并推荐了损害评估单位，于 2015 年颁布了正式的试点方案

续表

时间	阶段	重要/标志事件
2017 年至今	完善期	在生态环境损害赔偿制度试行阶段,主要通过结合本地实际情况,根据案件具体情况对生态环境损害严重程度进行认定;《关于办理环境污染刑事案件有关问题座谈会纪要》发布,其中明确了如何把握生态环境损害认定标准,要求统一执法司法尺度,加大惩治力度

(二)生态环境损害评估体系创新

1. 完善环境损害评估法律体系

我国目前的环境损害鉴定评估制度相关法律体系尚不完善,主要问题在于没有一套专门针对环境损害鉴定评估制度建立的法律体系,现行法律法规大多是零散分布,不便于落实到环境损害鉴定评估的实际案例中,并且不利于进行环境损害追责以及后续的环境治理修复等工作。因此,构建完善合理的环境损害评估法律体系,对于解决我国环境污染日趋严重的问题十分必要。在生态环境良好、环境治理工作得当的国家,其环境损害评估方面相关的法律体系通常十分完善且具有主导性,我们可以借鉴发达国家在环境损害评估方面的优点,并结合我国实际国情,完善我国环境损害评估法律体系。

2. 分阶段进行环境损害鉴定评估

环境受到污染后,若能及时对环境损害程度进行评估,调查事故发生前的危险报告,可以有效保证环境损害评估结果的准确性以及修复受损环境的可行性。时间滞后问题容易导致评估结果不精确以及后期诉讼活动进行不顺利等一系列情况。这是我国现阶段在环境损害评估中的一个显著问题。因此在进行环境损害鉴定评估工作时,可以对评估工作进行分阶段性展开,比如将环境损害鉴定评估工作分为预评估、初期评估、分析结论和计划赔偿四个阶段。预评估主要是筛选以及鉴定环境损害程度,衡量事故是否需要正式评估;初期评估的工作即是正式对事故开展环境损害鉴定评估工作;分析结论阶段是对评估结果进行深入分析,对环境损害发生者进行追责;计划赔偿阶段的工作包括对修复受损环境所需的资金赔偿以及环境损害副作用的经济救济。

3. 落实生态环境损害赔偿

生态环境损害赔偿是加强落实生态环境损害追责的有力手段,能够有效解决"企业污染、群众受害、政府买单"的不合理现象。《中华人民共和国环境保护法》明确指出,"企业事业单位和其他生产经营者应当防止、减少环境污染和生态破坏,对所造成的损害依法承担责任"。因此,亟须通过"顶层设计",自上而下地统筹规划,以健全环境损害法律体系为目标,制定完善的、统一的环境损害责任追究及赔偿制度,全面解决环境问题。2016年《最高人民法院、最高人民检察院关于办理环境污染刑事案件适用法律若干问题的解释》便将造成生态环境损害规定为污染环境罪的定罪量刑标准之一,与生态环境损害赔偿制度实现衔接配套,通过加强环境执法力度,落实损害赔偿工作,完善环境相关技术标准规范,逐步健全环境损害鉴定评估体系。在现有执法力量基础上应当与其他部门建立联动工作机制,调动农、林、水等相关部门,共同开展生态环境损害赔偿的调查、磋商、诉讼、监督等工作。

(三)生态环境损害评估方法创新

1. 完善生态环境损害评估技术标准

我国目前的环境损害鉴定评估技术体系尚不成熟,评估方法研究方面较为薄弱,生态环境损害事故涉及的相关部门所制定的评估技术标准相去甚远,侧重点不同,且各部门规定混乱。技术方法方面的问题较容易导致评估结果存在极大的不准确性,结论缺乏科学性,不利于后期工作的进行。因此,需要建立一套各部门统一的、高法律位阶的生态环境损害评估技术与方法标准。应当对我国环境损害评估技术方法统一标准,参考借鉴国外先进经验,并根据我国环境地理特征,在重点污染领域加强相对应的损害评估技术与方法的研究,制定对污染物类型、污染范围、污染影响等有针对性的标准,完善技术生态环境损害评估技术与方法。如可以从美国颁布的《综合环境反应、赔偿与责任》和《石油污染法》中借鉴其相关的评估技术与方法标准。

2. 强化生态环境管理领域

生态环境损害评估极具专业性,其具有活动特性复杂、涉猎领域广泛等特点,如法学、自然科学、生物学、地理学等领域均会涉及。而我国现今在部分领域的研究并不到位,并且存在环境管理部门较为分散,对各领域的监督管理不到位等问题。因此在发展过程中我们应当积极学习国外优秀的实践经验,比如从生态环境管理方面入手,细化和完善生态环境管理体系,建立规范、专业、公开的管理机构,为生态环境损害评估工作打下坚实的基础。

(四)生态环境损害履责方式创新

现行生态环境损害的责任形式主要有行政责任、纪律责任、法律责任等三大类型,但这三大类型责任追责及履责形式并不能涵盖全面的责任情形。因此,有必要创新增加追责履责形式的种类。

1. 增加主要负责人的道义责任

在做出生态环境污染损害等违法行为后,相关责任人需要承担一定的舆论谴责以及道义责任,既能体现政府公信力,同时也能激励提高领导干部的环境责任感。督促领导干部主动为自己的行为担责,并且对相应主管的下级工作人员的失职行为进行责任分担,即无论领导干部是否主动参与或直接参与了事故相关的环境管理以及决策,只要自然资源损失和生态环境损害情况发生在所管辖区域内,首要任务即是向公众和社会道歉,并做出处理保证等。

2. 对领导干部进行质询、罢免、通报批评

在听取政府发展工作报告时，各级人民代表大会可重点关注生态环境保护工作的开展情况，通过对重大生态环境损害事故提出质询意见，政府负责及时报告答复并向社会公开。对于发生的重大生态环境损害事故，应根据法定程序罢免相关责任人的原有职务；对于受到通报批评的领导干部以及所在的单位、部门，应结合有关考核评优办法，取消其评选资格以示惩戒；对于有违法行为的相关环保服务机构以及多方协作部门的主要负责人，应参照《行政处罚法》的有关规定对其进行责任追究，结合其造成的不同程度的损害予以警告、罚款、没收违法所得和责令停产停业等规定，严重违法的企业或者失职的环保机构可以暂扣其行政许可证或执照。

（五）生态环境损害追责过程中存在的问题

1. 生态环境损害责任终身追究制有关法律制度不健全

系统、完备的法律规范是对领导干部进行生态环境损害责任追究的关键环节。现阶段已颁布的涉及生态环境损害责任终身追究的规章制度虽多，但较为零散，主要分布在党规、部门规章、地方性法规以及各类规范性文件中，效力层级问题十分突出。并且存在着中央与地方间的法律法规配比不一致、生态环境损害责任终身追究制的章程不规范、地方法律规章适用范围较窄等问题。

2. 生态环境损害责任追究工作不完善

我国现阶段仍然没有具体的制度对相关追责工作进行匹配，追责工作无法有效开展、实际追责效率低下等问题频发。虽然我国早已颁布多项法律法规用于约束地方政府，使其对负责区域内的环境问题承担责任，但对于在生态保护方面失职的地方政府机构、单位或个人，在追责内容、主体、方式等方面，均缺乏针对性的、明确的规定。对生态环境损害追责工作不

予以重视，将会导致政府信任缺失，行政效力低下，地方政府难以达到施行生态环境损害责任追究机制的预期目标。

3. 党政领导干部自然资源资产责任难以界定

自然资源资产责任的界定工作尤为重要，关乎能否顺利开展党政领导干部自然资源资产离任审计工作，在责任界定不明确的影响下，极易导致离任审计工作进度滞后等问题。由于自然资源的特有属性，以及离任审计的相对独立性，自然资源资产损害责任很难追究到位，具体责任界定成为一大难题。部分行为导致的生态环境损害，其后果具有较强的时间效应，致使部分生态环境决策对自然资源资产的影响存在一定的滞后性及不确定性；部分自然资源资产的范围跨度较大，具有一定的跨区域性质，但自然资源资产离任审计工作具有独立性，致使领导干部责任界定的难度增加。

(六)生态环境损害追责的路径设计

1. 完善相关法律法规，推出相关配套制度

完善相关法律法规要求我们制定具体的、可操作性强的"生态环境损害追责法"，使得生态环境损害追责方式标准化、规范化，明确责任主体、厘清损害责任、确定生态赔偿，以保证落实环境损害责任，保障可持续发展。当发生严重的生态环境损害事故时，对相关党政领导干部应进行终身追责，且不管追责主体是否在任；对于滥用职权阻碍相关环保部门工作，导致环境监察和生态调查等活动无法顺利开展的相关人员，要依据法律法规对其进行追责问责。

2. 提高责任追究主体素质，规范责任追究行为

"保护环境，人人有责"，应当加强党政领导干部及相关工作人员的思想教育，增强生态环境损害责任追究主体的环境保护意识，深化责任追究主体的思想德育，保证责任追究工作顺利开展；总体提升社会文化建设，营造良好的环保文化氛围，加强公众生态保护意识，促进生态文明建设；政府

明确自身权责清单制度,增强部门监管力度,在保障追责工作严格公平的同时,厘清各部门、各层级间的权责关系,提升追责效率。

3. 健全信息公开制度

良好的公开机制,是公众监督生态环境追责制度良性运行的有效手段。将党政领导干部环境政务信息公开,既能够确保追责工作畅通公正,又能够有效激发领导干部的环保责任意识。在生态环境损害责任追究工作开展前必须保证相关信息公开,包括领导干部生态绩效考评情况、任期内生态环境决策情况、环境污染事故情况等;在追责工作开展过程中同样要保证信息公开,以确保相关责任人能够有效维护自身合法权益;追责工作结束后针对被问责的领导干部处理情况需要保证信息公开,明确交代相关人员后续任职、评选、提拔、转任等信息,切实发挥公众的监督作用。落实环境信息公开,首要任务即是完善相关的法律法规,通过立法的方式明确信息公开的程序规范,公布相关文件及重大决策,保障公众的知情权、参与权等合法权益。通过加强政府监管力度,提升政府主导作用,进行资源环境相关工作情况的信息公开;通过提高社会监督效能,加强政府与公众的沟通、交流,及时公布环境损害事故信息,披露领导干部处置情况;通过加强网络媒体的宣传作用,把握正确舆论导向,促进公众对资源环保工作的重视。

4. 加强生态文明绩效考核

加强生态文明绩效考核,要求建立完善的资源环境考核指标,将生态文明绩效考核作为党政领导干部评估考核的重要依据,使其逐步制度化、规范化、科学化。生态文明绩效考核工作可以有效提高领导干部对生态环境保护的重视,并且避免走"唯 GDP 论"的老路,防止出现过度重视经济效益而忽视资源环境效益的现象。首先,应考虑建立一套完善的、因地制宜的绩效考核制度,结合各地资源环境的差异,在指标体系中首要凸显资源环境指标权重,实现分类考核,明确考核内容、标准、方法等一系列要素。其次,应考虑考核制度的具体可操作性、执行力强度等,通过生态文明考核指标完成情况与干部任免使用的紧密结合,将其作为党政领导干部任免、晋升的重要依据,对造成资源环境损害的党政领导干部严格追究责任,使生态文明考核成为"硬约束"。

5. 加强领导干部自然资源资产离任审计

我国在生态环境损害责任追究制发展进程中,多地以追责工作为契机,开展了自然资源资产离任审计工作。该项工作是我国在生态文明建设进程中的一个重大进步。加强领导干部自然资源资产离任审计工作,在领导干部离任时,对其展开离任审计,并据审计结果追究领导干部的责任,能够为生态环境损害责任追究提供重要的依据。自然资源资产离任审计工作首先要做到全面把控,加强顶层设计和整体部署统筹,整合各方面的力量,提升审计效率,避免出现缺乏专业性、科学性、严谨性等问题;其次,需要建立自然资源资产负债表,仔细计量、核算自然资源资产和负债,编制自然资源资产报表,报表结果能够更加真实地反映领导干部任期内资源环境建设成效;最后,可以在领导干部的人事档案中,增设资源环境责任档案,主要记录相关人员在任期内关于生态环境方面的决策情况、事故调查、处理结果等,对其实行终身追责制,终身追究领导干部的责任。

第三节　探索编制自然资源资产负债表

自然资源资产负债表是我国健全自然资源资产管理制度的重要内容,同时也是我国生态文明体制改革的重要基础,领导干部自然资源资产离任审计、生态环境损害责任终身追究等诸多工作都需以其为支撑才能得以开展。2014 年至今,全国各地先后开展了自然资源资产负债表编制的相关研究,并在试点地区探索负债表的实际应用,逐渐形成了一套较为成熟的自然资源资产负债表编制方法和应用模式。

一、自然资源资产管理变革

(一)自然资源资产负债表的提出

经济社会环境的协调发展已成为国际社会的共同目标,为此开始探索检验和核算其协调程度的方法。最早的相对系统、全面的国民经济核算体系(System of National Accounts,简称 SNA)也称宏观经济核算体系,又叫国民账户体系。经历几次修订完善,SNA2008 已能更系统地阐述在国民经济核算中如何综合考虑自然资源资产和环境方面的问题。

我国自改革开放以来,由单纯追求经济发展进入环境经济可持续发展的实践探索,从 1992 年开始编制《中国 21 世纪议程——中国 21 世纪人口、环境与发展白皮书》到 2002 年国家统计局等出版《中国国民经济核算体系》,再到 2006 年发布《中国绿色国民经济核算体系框架》《中国绿色国民经济核算研究报告 2004》,我国对自然资源、环境、经济协同发展的量化研究越来越深入。

2013 年,中共十八届三中全会通过了《中共中央关于全面深化改革若干重大问题的决定》,其中明确提出"加快建立国家统一的经济核算制度,编制全国和地方资产负债表"及"探索自然资源资产负债表,对领导干部实行自然资源资产离任审计"的要求。可见,自然资源资产负债表不但已被纳入全面深化改革的重要任务,而且还是国家级的战略任务。自然资源资产负债表作为推进生态文明建设的宏观管理工具,可以将自然资源的利用变化与经济活动衔接起来,避免出现一味追求经济增长而罔顾生态环境的现象。

(二)自然资源资产负债表相关概念

自 2014 年起,我国开始自然资源资产负债表的相关研究,但截至目前还未形成统一的自然资源资产负债表的概念,然而其编制目的是明确的,自然资源资产负债表的功能定位为摸清区域"家底"和作为领导干部考核依据。因此自然资源资产负债表首先应是一种信息报表,其次要能反映自然资源状况,要能够对包括但不限于自然资源资产的存量、质量、价值、负债和变动情况进行确认与计量。目前我国对自然资源资产负债表的概念是基于以上编制目标而形成的描述性的文字,如姚霖(2017)对自然资源资产负债表的定义是"遵循资产负债表的逻辑范式,以计量自然资源资产及其开发过程中的资源环境损益为核算理念,能够客观、全面、系统地反映特定时空内自然资源资产的数量与质量、存量与流量的信息系统"。再如焦志情等(2018)的定义是"自然资源资产负债表一般包括实物量账户和价值量账户,表示一定核算期间内资源的种类、存量情况、存量变化情况以及变化原因,是便于阅读者清楚了解资源现状及变化的报表"。叶有华(2020)在连江县自然资源资产负债表的研究中,将自然资源资产负债表定义为用于自然资源资产管理的统计管理报表体系,它反映被评估区域或管理主体在某时间点所占有的可测量、可报告、可核查的自然资源资产状况,以及某时间点被评估区域或管理主体所应承担的自然资源负债状况。除此以外,还有基于领导干部自然资源资产离任审计的实际需要,提出自然资源资产负债表是"汇总分类反映自然资源赋存、变化及其环境责任的核算报表,是帮助核算主体摸清管辖区域范围内的自然资源家底,分清不同责任主体对资源耗费和环境改善、环境修复和环境治理所承担责任的环境会计报表"。

由此可见,我国对于自然资源资产负债表的定义是根据其功能定位而进行的。因此,不同的功能定位导致其概念存在细微差异。

(三)自然资源资产负债表的理论探索

我国自 2014 年起开始对自然资源资产负债表的相关问题进行研究,截至 2019 年相关研究成果累计已达 1000 篇以上,内容从自然资源资产负债表的编制、核算、试点应用到自然资源资产负债的相关研究,不一而足。

但由于"缺理论、乏实践"的客观原因,我国各地在其编制理论的理解上存在差异,技术方法不成熟和数据体系不健全也成为当前自然资源资产负债表编制的难点。

耿建新(2014)以 SNA2008 和 SEEA-2012 为基础,以澳大利亚的土地利用表、水资源分布表为例,对国家资产负债表与自然资源资产负债表两种报表的平衡关系、要素、负债、净资产的区别进行了分析,同时厘清了两种报表与会计、审计的关系,设想了自然资源资产负债表在我国的编制和运用。封志明等(2014)梳理了自然资源核算的研究进展与发展趋向,提出了四个自然资源核算建议优先研究的问题,包括应评估哪些自然资源或环境类型、自然资源价值核算如何统一规范、自然资源核算账户如何与国民经济核算账户相联系、如何构建自然资源评估指标体系才能使不同地区间具有可比性。文中也尝试构建了自然资源资产负债表编制的框架,并提出了编制路径。

随着研究的深入,自然资源资产负债表的研究从理论过渡到试点案例的编制研究,从单一类型的自然资源资产负债表过渡到多种类型自然资源资产负债表的编制研究,其研究的深度与广度不断拓展。

李志坚等(2017)以宁夏永宁县为例,进行了土地资源单一类型资产负债表编制的实践探索,提出了包括量(面积)和价值两个方面的土地资源资产负债表的形式,由各相关责任单位收集既有信息从而汇总成为既包括行业信息维度又包括土地覆被信息维度的二维结构表格,编制方法简单清晰,易于操作且信息准确、可靠,是一种较为高效和低成本的方法。杨艳昭等(2017)以河北省承德市为案例,开展了针对土地资源、水资源、森林资源、矿产资源的多种类型自然资源资产负债表的编制研究,提出了资产、负债与资产负债差额三要素构成的自然资源资产负债表的基本表式,形成了由"总表—分类表—扩展表"构成的报表体系,为我国自然资源资产负债表的编制提供了有益的探索。

目前,我国自然资源资产负债表框架、价值核算等研究已在一定程度上达成共识,对自然资源资产负债表的研究呈纵深研究趋势,研究热点趋向于对自然资源负债的界定、确认等方面。张卫民(2018)基于我国生态文明建设对自然资源核算的新需求对自然资源负债进行了界定,以法定责任和底线任务的标准提出了自然资源负债的确认原则,为我国自然资源资产负债表编制的"难题"提供了一种新的观点。

二、自然资源资产负债表编制探索

(一)自然资源资产负债表编制模式创新

2015 年 11 月,国务院办公厅印发了《编制自然资源资产负债表试点方案》(国办发〔2015〕82 号)的通知,提出在内蒙古自治区呼伦贝尔市、浙江省湖州市、湖南省娄底市、贵州省赤水市、陕西省延安市开展编制自然资源资产负债表试点工作,同时明文要求先行核算具有重要生态功能的自然资源。根据试点经验,研究扩大自然资源资产负债核算范围,2018 年底前编制出自然资源资产负债表。同时,研究探索主要自然资源资产负债价值量核算技术。

由此,内蒙古赤峰市、呼伦贝尔市、鄂托克前旗以及浙江湖州市、河北承德市、贵州赤水市、福建福州连江县等地均开展了自然资源资产负债表的地方探索研究工作。经过近五年的研究探索,目前我国已形成自然资源资产负债表编制的六种模式:一是以中国科学院地理科学与资源研究所封志明团队为代表的自然科学模式;二是以首都经贸大学杨世忠团队和中国社会科学院工业经济研究所史丹团队为代表的社会科学模式;三是以国家统计局核算司和中国人民大学耿建新团队等为代表的统计学模式;四是以北京大学光华学院王立彦团队和广东中山市环保局杜敏团队等为代表的审计学模式;五是以深圳中大环保公司叶有华团队为代表的生态学模式;六是以自然资源部经济研究院部软科学项目为代表的自然资源学模式。具体异同如表 4-2 所示。

表 4-2　我国自然资源资产负债表编制的六种模式

序号	模式	代表团队	主要基础	试点	特点
1	自然科学模式	中国科学院地理科学与资源研究所封志明研究员团队	承担"资源环境承载力评价和自然资源资产负债表编制"重点研发计划项目 参照企业资产负债表或国家资产负债表编制思路,将自然资源资产负债表分为自然资源资产、自然资源负债和所有者权益(净资产)三个要素,并遵循"资产＝负债＋所有者权益(净资产)"的恒等式 资产负债表结构完整,报表体系完善,但编制过程复杂,工作量大,负债计量难	浙江湖州；河北承德	SEEA＋负债：会计核算模式
2	社会科学模式	(1)首都经贸大学杨世忠教授团队； (2)中国社会科学院工业经济研究所史丹研究员团队	承担国家社会科学基金重大项目"自然资源资产负债表编制"(包括北京林业大学张卫民、中国水利水电科学院甘泓等) 出版了国内第一部专著《自然资源资产负债表编制探索:在遵循国际惯例中体现中国特色的理论与实践》	试算：全国	SEEA＋负债：会计核算模式
3	统计学模式	国家统计局核算司及部分试点地区	按制定印发的自然资源资产负债表编制试点方案和制度,填报土地、林木、水等自然资源资产存量、质量等实物量,不涉及负债和价值量 表间遵循"期末资源存量＝期初资源存量＋本期资源增加量－本期资源减少量"的平衡关系	贵州赤水等试点地区	实物量表统计表模式SEEA简版
		中国人民大学耿建新教授团队等	编制自然资源资产供应和使用平衡表,并符合"资源供应＝资源使用"的平衡关系 不确定自然资源资产负债项(仅水资源平衡表)	宁夏永宁等	平衡表模式

续表

序号	模式	代表团队	主要基础	试点	特点
4	审计学模式	(1)北京大学光华学院王立彦教授团队;(2)广东中山市环保局杜敏团队等	提出了与核算型自然资源资产负债表不同的问责型负债表的概念 根据审计涉及的重点领域,核算自然资源资产管理和生态环境保护责任等方面资产和负债 侧重与审计相结合	甘肃甘南;广东中山五桂山	权责发生制,结合审计需要
5	生态学模式	深圳中大环保公司叶有华总工团队等	强调生态资产核算,分别核算自然资源资产价值和自然资源负债 表间遵循"期末资源存量＝期初资源存量＋本期资源增加量－本期资源减少量"的平衡关系和不平衡两种形式(资产和负债在不同的表中展示) 借鉴吸收了中国科学生态环境研究中心欧阳志云研究团队的生态价值核算方式方法和生态环境部王金南院士团队的绿色 GDP,GEEP 做法 叶有华博士在科学出版社主编"中国区域生态资源资产研究"丛书;出版著作 6 部(GEP 著作 2 部)	深圳大鹏;内蒙古乌审旗;内蒙古清水河;福建连江;广东国有林场和森林公园	SEEA 的拓展表
6	自然资源学模式	自然资源部经济研究院(与其他五种模式有合作)	以测度自然资源资产价值损益变动为中心,以自然资源资产调查、监测、确权、登记信息为数据基础,以"资产＝负债＋净资产"为平衡关系,以"期初＋期中增加－期末减少＝期末"为核算模式,采用"核算和描述"的编制方式 姚霖博士出版《自然资源资产负债表编制理论与方法研究》专著	2015 年至 2019 年自主开展了湖北黄石、云南普洱市研究性试点;2020 年 3 月至 6 月在河北、黑龙江、江苏、福建、江西、山东、河南、湖南、广东、四川、青海、宁夏等 12 个省(自治区)的 31 个县(市、区)开展试填工作	突出自然资源资产管理运用

(二)自然资源资产价值核算方式创新

SNA 中的卫星账户——环境经济综合核算体系(System of Integrated Environmental and Economic Accounting,简称 SEEA)是专门计量核算自然资源资产的理论体系。2012 年的 SEEA 全面系统地对自然资源资产的子类资产项目进行界定,设置了实物量和价值量两大类账户,提供了环境资源资产价值核算的计量准则、工具与方法,成为当今世界公认的自然资源核算国际标准。我国自然资源资产核算也是以 SEEA-2012 为基础发展而来。

我国的自然资源核算遵循先实物量后价值量、先存量后流量、先分类后综合的基本思路,由于理论基础一致,核算方法也大致相同。但近些年我国自然资源资产价值核算的研究还是有一些深化的部分。首先,已能基本实现全类型资源的价值核算,如矿产资源、大气资源等均有涵盖;其次,对自然资源资产核算指标进行细分,如森林资源中可细分为幼龄林、中龄林、过熟林等,价值核算越来越精确。

(三)自然资源资产价值转化创新实践

自然资源资产负债表研究发展至今,在全国各地开展了试点研究工作,也产生了一些成功案例,为我国自然资源资产有偿使用制度改革、生态产品市场化改革等探索提供了有益的经验。

浙江省丽水市于 2016 年编制了自然资源资产负债表,2017 年编制矿产资源资产账户表两个省级试点,以前期的经验为基础,2018 年编制了全市自然资源资产负债表,2019 年印发《浙江(丽水)生态产品价值实现机制试点方案》。与此同时,伴随着自然资源资产负债表的研究、实践,浙江丽水充分利用当地的"绿水青山",形成具有高"生态"附加值的"丽水山耕"农业公用品牌。截至 2019 年 4 月,丽水市已建立粮食、食用菌、蔬菜、禽畜等合作基地 1122 个,累计销售额超过 130 亿元,品牌估值达到 26.6 亿元。

目前,丽水市还注册"丽水山居"的民宿、农家乐区域公共品牌,通过品牌化、规模化、电商化的市场运作方式,整合"小农经济",打造整个丽水市的生态经济,以此使当地自然资源资产实现快速增值。丽水市为生态产品市场化制度改革提供了鲜活生动的案例,虽然其在一定程度上也借助了自然资源资产负债表探索的基础,但实质上二者内容联系相对薄弱。

2017 年 12 月,福建省南平市立足生态环境富集、后发展的实际,提出"生态产业化、产业生态化、建设生态银行"的发展构想,以顺昌县"森林生态银行"为例,搭建起集森林管理、开发、运营于一体的自然资源运营管理平台,通过规模化收储、整合、优化碎片化、分散化的林权进行集体林权制度与"生态赎买"的改革深化,引入社会资本和专业运营商,对森林进行规模化、科学化的管理经营,提高森林生态产品价值及森林资源价值,打通资源变资产、资产变资本的通道。截至目前,顺昌县已通过"森林生态银行"建设办理林权抵押贷款 248 笔,金额达 2.07 亿元,通过对收储流转到平台的林地实施集约化经营和项目化开发,顺昌县林地亩产值增加 2000 元以上。目前南平市已成功探索出武夷山五夫镇"文化生态银行"、顺昌"森林生态银行"、建阳"建盏生态银行"、延平巨口乡"古厝生态银行"等多种模式,切实提高了资产价值和生态承载能力。南平市与丽水市相同,皆以自然资源规模化为突破口,通过市场化运作打通自然资源变现通道。

2017 年,福建省连江县开展了自然资源资产管理体系与生态产品价值实现路径的研究,包括自然资源资产负债表编制技术、自然资源资产价值核算技术、自然资源资产负债表管理技术和生态产品市场化与评估技术四大方面的研究内容。连江县建立了一个自然资源资产负债表系统,包括存量表、质量表、价值表、负债表和流向表的五类表体系,涉及陆域资源中的八大类资源和海域资源中的四大类资源,同时配套建立了数据采集方案、台账制度和信息管理平台。连江以自然资源资产负债表研究为基础,采用负债表中的价值核算方法,对黄岐半岛人工海藻场项目的自然资源资产价值进行评估,并以此评估结果为依据、以自然资源资产为抵押进行商业贷款,完成了从资源到资产、从资产再到资本的全链条式生态产品改革"连江模式",构建了"资源＋评估＋信贷"市场化动迁机制,打通自然资源向产业资本转化路径。目前,连江县自然资源资产负债表已在福州市开展推广复制。连江县的案例也属生态产品市场化的范畴,但此案例中是由自然资源资产负债表的理论研究到实践落地的完整应用,为我国其他地区自然资源资产负债表的编制提供了有益的经验,也为我国自然资源资产负债表的应用提供了一个明确的方向。

(四)自然资源资产负债表编制的困境

即使自然资源资产负债表的编制模式与平衡关系略有不同,但我国已初步建立了自然资源资产负债表的编制范式,形成了负债表的雏形。同时也存在一定的问题与难点。

第一,目前自然资源资产价值核算的基础理论和方法均比较成熟,因此在核算方法上已可以达成共识,但地域差异导致各地区的核算指标难以统一,从而造成各地区间自然资源资产价值无法横向比较。

第二,目前自然资源资产负债包括资源耗减、环境损害和生态破坏三部分这一点已能达成基本共识,但对于自然资源资产负债的概念和内涵仍存在较大争议,其概念与内涵直接影响负债的计量。

(五)自然资源资产负债表编制探讨

我国自然资源资产负债表研究发展至今,概念、模式、应用均有不同,具体采用何种编制模式,应取决于其功能定位。并且由于我国各地核算指标体系的差异,目前全国自然资源资产负债表存在无法统一、无法横向比较的现实问题,因此我国应尽快形成自然资源资产负债表、价值核算标准化的编制范式与指标体系。

不当的自然资源开发利用或突发生态环境事件是自然资源资产负债产生的基本途径，其直接导致自然资源在数量、质量上或周边环境产生变化，从而形成自然资源资产负债。自然资源资产负债应能明确划分并披露各责任主体对某一时期由于自然资源资产变化所产生的应尽责任。这就要求自然资源资产负债表编制不应脱离自然资源资产产权制度，在建立完善归属清晰、权责明确、监管有效的自然资源资产产权制度基础上开展自然资源资产负债表编制工作。

第四节　开展领导干部自然资源资产离任审计

开展领导干部自然资源资产离任审计是我国生态文明制度建设的重要内容，可促进领导干部切实履行资源环境保护责任。《生态文明体制改革总体方案》作为生态文明制度建设的顶层设计，明确要求将领导干部自然资源资产离任审计纳入完善生态文明绩效评价考核和责任追究制度之中，将其列为生态文明制度"四梁八柱"体系的重要内容。

为此，国家陆续出台系列规章制度，积极推进领导干部自然资源资产离任审计。在习近平同志亲自关心和领导下，《领导干部自然资源资产离任（任中）审计规定（试行）》（以下简称《规定》）正式出台。这是我国生态文明建设领域的重要节点，也是中国特色社会主义审计发展历程中的重大事件。《规定》为建立经常性的领导干部自然资源资产离任（任中）审计制度奠定了坚实基础，为审计机关更好地参与建设美丽中国的战略任务创造了有利条件，提供了重要契机。

本节主要对自然资源资产审计制度的发展历程进行概述，着重讲述我国自然资源资产审计的政策起源和制定过程，对新时代自然资源资产离任审计的创新转变进行分析，并对自然资源资产审计内容、审计表达方式、审计技术方法和审计评价的创新进行论述。通过对当前自然资源资产审计制度的分析,指出自然资源资产审计存在的现实问题,并给出相应的对策建议。

一、自然资源资产审计制度的变迁

(一)自然资源资产审计制度的发展历程

1. 国外相关研究

自然资源资产审计是我国生态文明建设的制度创新,国外与之对应的叫法为环境审计。20世纪80年代始,随着社会的不断进步和经济的飞速发展,日益突出的生态环境问题使美国、加拿大等西方国家意识到环境保护的重要性,因此寻找一种有效的方式避免先发展后治理的问题势在必行,环境审计逐步得到重视,并成为评价和提高环境政策和项目效能的重要政策手段。环境审计从企业管理活动中开始,并逐步被纳入企业内部控制制度,主要用于监督企业活动造成的环境影响,从而为协调经济发展和生态环境保护提供了一种系统的手段。

2. 我国自然资源资产审计制度政策起源

党的十八届三中全会通过《中共中央关于全面深化改革若干重大问题的决定》,首次提出"探索编制自然资源资产负债表,对领导干部实行自然资源资产离任(任中)审计"。2015年9月印发的《生态文明体制改革总体方案》中再次提出"对领导干部实行自然资源资产离任(任中)审计",并在内蒙古呼伦贝尔市等5个试点开展自然资源资产负债表编制和离任(任中)审计工作。

2015年11月,《开展领导干部自然资源资产离任审计试点方案》印发出台,详细列出了领导干部自然资源资产离任(任中)试点审计的时间安排,并要求积极探索审计对象、内容、评价、责任界定和结果运用等方面的内容。2017年9月,中办、国办印发《领导干部自然资源资产离任审计规定(试行)》，这一文件标志着领导干部自然资源资产离任(任中)审计制度正式形成确立。

3. 我国自然资源资产审计制度的制定过程

党的十八届三中全会以来，审计机关按照党中央、国务院的决策部署，围绕对领导干部自然资源资产离任(任中)审计的有关要求，坚持边组织实施审计试点、边研究起草相关规定，推动审计实践与开展顶层设计"两手抓""两促进"，边总结、边完善，推动自然资源资产审计深入开展。

本着探索并逐步完善领导干部自然资源资产离任审计制度的目的，坚持因地制宜、重在责任、稳步推进的原则，国家审计署重点组织开展了森林资源、水资源、土地资源以及大气污染防治、矿山生态环境治理等资源环境方面的审计工作，在此基础上总结审计试点经验，并建立完善了审计制度，最终形成了符合我国国情的中国特色社会主义审计制度。总的来讲，我国自然资源资产审计制度制定大致可分为三个阶段，分别是研讨论证阶段、修改完善阶段和印发试行阶段，具体制定进程见表4-3。

表4-3 我国自然资源资产审计制度制定过程

阶段	时间节点	理论发展历程	实践发展过程
研讨论证阶段	2015年开启试点	审计署多次组织审计系统内部及外部专家研讨论证《规定》	审计署直接组织18个特派办和8个省厅审计人员，在湖南省娄底市、陕西省延安市等地区开展审计试点
修改完善阶段	2016年深化试点	审计署全方位征求意见，对《规定》进行近30次修改完善	审计署组织18个特派办和32个地方审计机关在河北省、内蒙古呼伦贝尔市等全国40个地区扩大开展审计试点
印发试行阶段	2017年全面试点	中央全面深化改革领导小组第36次会议审议通过，正式印发《规定》	审计署直接组织对山西等9个省(市)党委和政府主要领导干部实施离任审计，指导37个地方审计机关开展离任审计

(二)自然资源资产离任审计的创新评述

进入新时代，自然资源资产离任审计面临着严峻形势与现实挑战。为充分发挥自然资源和生态环境审计监督在促进生态文明建设中的重要保障作用,满足新时代自然资源资产离任审计要求,更好地发挥审计在党和国家监督体系中的效益,自然资源资产审计创新点具体表现为"四个转变"。

第一,由具体问题查证向全面系统评价转变。过去是揭示和反映某个具体问题,主要审"事"是否合法、合规、合程序,现在是既要审事还要审人,要对被审计对象任期内责任履行情况进行评价并给出审计意见。审计意见会对领导干部自然资源资产受托管理情况进行评价,并将其作为领导干部选拔考核的依据。通过这一转变促使领导干部在决策过程中重视经济发展与资源环境保护的平衡关系,倒逼领导干部切实履行自然资源资产管理和生态环境保护责任。

第二,由单要素审计向全要素审计转变。以前开展的是水污染防治、水资源保护或土地、森林、矿产等专项审计,而现在要求对某一区域范围内所有自然资源资产与生态环境保护相关要素进行全面审计。审计涉及的内容更广泛,对领导干部资源环境整体管理情况反映较为客观,易于发现资源环境管理存在的短板,审计评价的结果也更有说服力。

第三,由传统审计向大数据审计转变。以前是检查资金和项目,查账、查现场,现在需借助卫星图片、地理信息系统等多种数据进行审计。自然资源资产审计涉及的资源类型和审计内容较多,数据量较大,大数据审计可为自然资源资产审计提供直接的线索或证据,大大提高审计能力和审计效率。

第四,由单纯的经济监督向准政治监督转变。审计的惯性思维是关注经济问题,但"贯彻中央生态文明建设方针政策和决策部署"作为资源资产审计的重要内容,凸显出准政治监督的作用。新时代国家审计要自觉承担起为生态文明建设保驾护航的历史责任,进一步强化自然资源和生态环境审计监督,进一步拓展深化资源资产审计的范围领域。

二、自然资源资产离任审计制度创新

现行的审计是党和国家监督体系的重要组成部分,完善自然资源和生态环境监管体制,是生态文明建设的坚实保障。为促进自然资源节约集约利用和生态环境安全,推动领导干部切实履行自然资源资产管理和生态环境保护责任,需创新建立符合我国国情的中国特色社会主义审计制度。

(一)审计内容创新

"审什么"是自然资源资产审计工作的重点,只有确定了自然资源资产审计的内容,才能明确审计客体,清楚审计方向,有的放矢地开展审计工作。在审计内容上,自然资源资产审计主要有以下创新。

第一,将自然资源和生态环境相关法律法规、方针政策和决策部署情况作为审计工作的重要内容。这是审计工作贯彻执行依法治国国策的重要体现,是我国审计体系现代化的必然要求。同时对生态文明建设相关改革任务和战略部署的完成情况提出要求,确保顶层设计从上到下贯彻执行。

第二,将自然资源资产管理和生态环境保护责任履行情况纳入审计工作中来。重点揭示地方政府和主管部门监督执法不严、管理不到位导致自然资源损毁和生态环境破坏的问题,充分发挥审计对政府及相关部门的再监督作用,促使政府决策者在资源开发利用过程中慎重决策。

第三,将资源环境相关资金征收管理使用和项目建设运营情况作为审计重点。资金问题一直是审计关注的重点问题,将资金纳入审计内容是审计工作的必然要求,将资金与项目建设运营联系,可相互印证,监管资金正确使用,督促项目平稳运行。

(二)审计表达方式创新

为适应新时期生态文明建设对审计的要求,切实保障自然资源资产审计工作顺利开展,自然资源资产审计从审计项目计划、审计项目组织、审计基础、审计资料和审计数据平台多个方面进行创新,确保审计监督职能的正常发挥。

第一,审计项目计划创新。在自然资源资产审计项目中,审计机关开展领导干部自然资源资产离任(任中)审计需要依照组织部门委托,按照干部管理权限制定审计计划。创新提出开展审计计划原则:一是优先安排近两年未进行领导干部经济责任审计或自然资源资产审计的领导干部。二是 2017 年离任时任职时间较短(未满两年)原则上暂不列入审计项目计划安排。三是省级领导兼任地方职务的,以及 2017 年离任后担任省部级领导岗位职务的领导干部,不列入审计计划安排。

第二,审计项目组织创新。依照自然资源资产审计的实际情况和现实需要,创新提出适宜的审计项目组织形式,审计机关在组织审计时,可与经济责任审计同时开展领导干部自然资源资产离任(任中)审计,也可单独开展。

第三,审计基础创新。自然资源资产审计离不开自然资源资产负债表,通过核查、比对自然资源资产负债表披露的自然资源资产信息,将自然资源的实物量变化和生态环境质量状况变化创新纳入审计关注重点。

第四,审计资料创新。自然资源资产审计项目向审计机关提供资料包括:一是目标责任及考核任务完成情况相关资料;二是上级部门检查、巡视、督导、督查等发现问题的整改情况;三是相关会议纪要,工作规划(计划)及规章制度制定及其执行情况,资源环境重大决策相关资料;四是资源环境相关资金划拨、收缴、罚没、使用情况,资源环境监测、调查及统计相关数据资料;五是被审计对象述职相关材料;六是其他与自然资源资产审计相关的资料。

第五,审计数据平台创新。自然资源资产审计涉及资源类型、数据内容和部门较多,为提高审计能力和审计效率,国务院及地方各级政府资源环境管理相关部门要加强部门联动,尽快建立对审计机关开放的自然资源资产数据共享平台,为审计提供专业支持和制度保障,支持、配合审计机关开展审计。

(三)审计技术方法创新

自然资源资产离任审计通常涉及多种资源环境类型,且审计内容极为丰富,数据量较大,为保证审计工作的顺利开展,需创新运用多种审计技术方法。

第一,创新编制自然资源资产负债表。自然资源资产负债表编制是自然资源资产审计的基础,自然资源资产负债表包含存量表、质量表、价值量表、流向表和负债表。通过自然资源存量表和质量表,检查各类资源存量、质量的期初值与期末值,重点关注存量变少、质量降低的自然资源;通过自然资源流向表检查各类自然资源流向情况,重点关注由于本级原因造成的自然资源资产减少,重点审查导致减少的人为干扰原因;通过自然资源价值量表,检查自然资源资产价值的期初值与期末值,评估造成自然资源资产价值发生变化的原因;通过自然资源资产负债表,重点审查资源过耗、环境损害的自然资源,揭示因管理不到位导致的自然资源资产负债。

第二,探索大数据审计模式。在自然资源资产审计过程中,充分运用信息化技术手段,着力提高审计工作能力和工作效率,以 3S 技术为基础,加大对自然资源资产管理和生态环境保护技术数据的采集和分析,借助国土调查和年度土地变更调查等数据,不断扩展资源环境审计的深度和广度。

第三,构建自然资源资产大数据平台。通过整合森林资源、土地资源、湿地资源、海洋资源、水资源等主要自然资源资产基础数据,融合智能化地理信息技术,以 3S 技术为基础构建多源、多尺度、多时相的自然资源资产审计"一张图"数据库,研发大数据审计服务平台,为开展审计工作提供数据信息系统和共享服务平台。

（四）审计评价创新

1. 审计评价原则创新

为保障审计评价结果的真实可靠，在自然资源资产审计评价时，充分考虑被审计对象所处地区的实际情况，结合资源管理和环境保护的工作特点，依照国家资源环境相关法律法规与政策文件，根据审计发现的事实情况，本着客观公正、实事求是的原则对领导干部自然资源资产管理和生态环境保护责任履行情况做出评价。

2. 审计评价标准创新

为保障自然资源资产审计评价的可操作性与评价结果的客观真实，创新建立了自然资源资产审计评价标准。审计机关根据审计结果，确定关键评价指标，综合考虑领导干部任期内自然资源资产管理和生态环境保护责任履行情况、资源环境实际情况、相关约束性指标、规划（计划）目标完成情况等方面内容，给出好、较好、一般、较差、差五个等级的客观定性评价。各级审计机关可以根据被审计领导干部所在地区或主管业务领域的实际情况，进一步研究细化审计评价标准。自然资源资产审计评价标准的创新主要体现在以下两个方面。

第一，从资源环境问题的特性来看，资源环境问题的影响往往具有滞后性的特点，自然资源损毁和生态环境破坏的后果不能立即体现，因此其行为与后果之间因果关系较难准确界定，采用定性评价的方法更加便于实际操作。

第二，从中央改革部署和要求来看，自然资源资产审计评价标准结合了自然资源资产负债表的内容，从自然资源资产实物量和质量变化情况进行评价符合中央精神。若自然资源资产实物量增加、质量向好，则资源环境保护状况为好，领导干部自然资源资产保护管理绩效为正。反之则资源环境保护状况为差，领导干部未尽到资源环境保护责任。

（五）存在的主要问题

开展领导干部自然资源资产离任审计是新时期党中央、国务院深化国家治理的一项重大战略部署。但根据当前试点审计情况来看，自然资源资产审计还存在一些问题，制约着自然资源资产审计工作的开展。主要问题如下。

第一，审计数据系统性较差。自然资源种类繁多且较为复杂，不同的自然资源有不同的管理部门、不同的执行标准，导致数据分散，存在同一资源多部门交叉管理、同一资源多套数据现象，难以形成系统的信息数据库，相关数据的共享度不高，可比性不足，审计获取数据难度较大，不能及时、准确地反映自然资源资产的真实情况。

第二，审计专业人员短缺。传统审计人员多为经济责任审计相关专业人员，而自然资源资产审计涉及林业、国土、湿地、生物、会计、计算机等多个学术领域，要求审计人员不仅要懂得基础审计知识，还要掌握相关自然资源资产理论知识，因此审计专业人员较为缺乏。

第三，审计评价体系不健全。当前自然资源资产审计评价采用定性评价的方式，整体评价标准较为粗放，没有考虑到不同省市的具体情况，没有将评价标准定量化，审计评价结果只能简单反映资源环境整体状况，不同评价等级之间的界限较模糊，因此导致审计结果的运用较为困难。

第四，自然资源资产负债表体系未建立或不完善。自然资源资产负债表是开展自然资源资产审计的基础，当前我国自然资源资产负债表仍在探索和完善，尚未形成统一的标准体系。且负债表相关数据填报难度较大，各资源环境部门数据报送不及时、不准确，数据的真实性和连续性难以保证。

第五，审计工作滞后于资源环境的变化。当前开展的审计工作是在领导干部离任之际对其任期内自然资源资产变更、生态环境保护成效进行的评价，而难以做到对其资源环境保护情况进行实时评价。因此自然资源资产离任审计具有相对滞后性。相对于时时刻刻都在发生变化的自然资源和生态环境,离任审计只能针对过去某一时间段内自然资源资产的变化进行评估,无法对变化较快、变化类型多样的自然资源资产做出及时的评价。

(六)完善自然资源资产离任审计制度

为保障自然资源资产审计充分发挥其促进生态文明建设的作用,针对自然资源资产审计存在的以上问题,应从审计队伍、评价体系、部门协调和审计平台建设方面进一步完善自然资源资产离任审计工作。

第一,加强自然资源资产审计队伍建设。提高审计人员的综合素质,加强资源环境相关专业知识储备和技能储备。同时吸收专业技术人才进入审计队伍,为审计团队注入新鲜血液,培养优秀人才。

第二,借用外脑强化审计能力。坚持开门做审计,邀请相关专家学者及技术骨干指导自然资源资产审计工作开展,聘请外部专家参加审计项目,为现场审计提供技术支撑。同时有效利用第三方机构,充分发挥其智库或中介机构的作用,必要时可尝试委托第三方机构进行审计。

第三,完善审计评价体系。以国家制定审计评价体系为基础,结合被审计区域实际情况和经济责任审计等其他审计经验,明确自然资源资产审计内容,制定审计评价指标,逐步建立完善的审计评价体系。

第四,构建相关职能部门数据互通共享机制。加强部门联动,建立部门间沟通渠道,通过部门间业务交流,自查部门内部资源环境管理存在的不足,逐步统一相关划分标准,将资源环境纳入同一套体系中去,确保资源环境相关数据的真实性、一致性与可靠性。

第五,建立自然资源资产审计智能化系统。自然资源资产审计涉及资源类型及审计内容较多,智能化、数字化平台成为自然资源资产审计工作发展的趋势。通过搭建自然资源资产审计相关平台,赋予不同级别权限,既可以满足审计人员审计需求,又可方便各职能部门对自然资源和生态环境的管理,同时有助于领导干部对本地区自然资源和生态环境状况的掌握。

第五节　健全环境保护管理制度

健全环境保护管理制度是党的十八届三中、四中全会及党的十九大以来不断的要求,"实现科学立法、严格执法、公正司法、全民守法",以生态环境保护综合执法制度、中央生态环境保护督察制度、自然资源督察制度为代表的一系列环境保护管理制度在不断完善创新中得到广泛的社会支持,并将继续在实践中深入贯彻落实习近平的生态文明观。

一、生态环境保护综合执法制度

(一)生态环境保护综合执法制度演变

为深化我国行政执法体系改革,2013 年 11 月,中共十八届三中全会审议通过了《中共中央关于全面深化改革若干重大问题的决定》,文件强调了整合执法主体、完善综合执法的重要意义,需加强各个基层重要领域的执法团队力量,尤其是在环境保护等领域。随后的党的十八届四中全会《中共中央关于全面推进依法治国若干重大问题的决定》就综合执法问题再次提出相关要求。2015 年 12 月,《中共中央、国务院关于深入推进城市执法体制改革 改进城市管理工作的指导意见》提出,城市执法体制的改革不应当拘泥于基层建设,应当着眼于大局,即在中央层面推行特定领域的综合执法的展开取得了首创性的突破。党的十九届三中全会中,党和国家事业发展的全局迎来了曙光,深化机构改革成为时代发展的趋势,党中央针对不同机构的情况和性质做出了进一步的具体部署,在深化行政执法体制改革方面再次提出具体要求,需要进一步统筹配置行政处罚职能和综合执法资源,同时对行政处罚权进行统一集中处理,对执法队伍实行进一步的汇编精简,切实实施多头多层重复执法的问题的解决方案。在生态环境保护方面,组织建设一支强劲的综合行政执法队伍已刻不容缓,这对于早日实现水利、海洋、农业等领域的综合污染防范及治理起到了推动作用,保障了环境保护执法职责的落实。

尽管国家政策不断推出,但执法力量的增长仍滞后于人民群众日益增长的生态环境需求以及爆发式增长的环境监管执法任务。为从根本上改善不利的局面,2018 年 12 月,中共中央办公厅、国务院办公厅印发了《关于深化生态环境保护综合行政执法改革的指导意见》,该指导意见从化繁为简、化零为整的角度出发,致力于建设一支集不同领域、部门、层次的综合性生态环境保护综合执法队,坚定强化综合执法体系,并切实提升能力建设。

(二)生态环境综合执法压力与对策建议

1. 生态环境综合执法压力

生态环境综合执法过程中存在着问题层出不穷的现象,根本原因可概括为以下两个方面。

一是源于地方政府与垂直管理部门之间的较量。生态环境部门虽实行的是省以下垂直管理机制,具有相对的独立性,但其人事关系以及机构编制仍离不开地方政府的干涉。基本上,地方生态环境部门的执法越往基层,力量越弱,呈明显的倒金字结构。这可能会影响地方政府对生态环境垂直管理部门的支持力度,以致现有的执法力量处于较弱的水平,无法支撑生态环境综合执法的大范围改革。

二是责权脱节。在纵向责、权输送上,如生态环保督察、强化督察等方面,中央和省级相关部门既有权利亦担负责任,但县级(包括直辖市的区县级)反映出"无权有责",虽委托乡镇(街道)执法,但法律责任仍需承担。在横向上,因生态环保执法事项不作为相关部门的主业,故某些地方相关部门的生态环境保护执法次数寥寥无几。在国家要求集中执法权后,对于监管历史欠账较多的地方,问责焦点也愈发集中。

2. 对策建议

面对上述问题，主要可以探索通过以下三个层面加以解决。

一是省级层面。自从国家大力推进"放管服"改革以来，众多领域的行政许可、处罚、强制等执法事项逐步下移至基层，由市级、县级展开相应工作，大幅度削减了由省级直接组织的相关执法事项。在生态环境保护领域上，全国设有 3653 个环境执法机构，在岗人员超 8 万人，其中省级、地市级、区县级机构数量依次为 32 个、495 个、3126 个，在岗人员依次为 0.15 万人、1.4 万人和 6.5 万人，形成了"省级总队—地市支队—县级大队"三级格局。随着执法重心的下移，以及属地管辖原则的逐步落实，各省级生态环境综合执法队伍偏重机关综合管理的职能开始凸显，成为全省执法队伍的中枢和管理者。与之相匹配，省、自治区、直辖市原则上不设执法队伍，由市、县设立执法队伍，并有效整合、统筹部署已有的省级执法队伍，逐渐清理消化省级执法队伍。

二是市级层面。2014 年 6 月 4 日，国务院印发的《关于促进市场公平竞争维护市场正常秩序的若干意见》明确指出，对于设立区的市，市和区只设一个执法层级，即若区级部门承担执法职责并设执法队伍的，那市本级不设立执法队伍；反之亦然。需要明确的是，为了保障执法层级的明晰，坚定设区市与市辖区只设一个执法层级，这是规避执法层级矛盾的最佳原则。另参照相关的管理学原理，即"最靠近被管理者，管理最便捷、成本最低、效率最高"，因此相较而言，组建市级生态环境保护综合执法队伍更为高效、高质。若特别有执法需要，可在区级设置综合执法队伍派出机构。

三是县级层面。落实"局队合一"，即实现县级行政主管部门与同级的生态环境执法团队的有效协作。这是行政执法体制改革的必然要求，是执法队伍改革的必然趋势。该模式是为了解决重审批、轻监管的现状问题，以提高行政执法效率，让更多的行政资源用在事中事后监管上。党的十九届三中全会《中共中央关于深化党和国家机构改革的决定》提出，坚持精简高效的原则,建立健全地方基层管理机制,充分发挥基层执法的优越性,弥补机构编制资源流通性差的问题,实施信息时代下的网络化管理,推进事业单位改革,真正从基层落实中央的具体决策。推行"局队合一",为县级生态环境保护执法团队的身份性质转变创造性地制定了根本的解决方案,为县级相关行政主管部门与生态环境执法团队面向人民群众、符合基层事务特点提供了保障。

二、中央生态环境保护督察制度

(一)中央生态环境保护督察制度的提出

中央生态环境保护督察制度是指国家有关机构对法律法规、政策标准的实施现状,以及对严重污染事件、生态环境损害事件的处理情况进行监督和检查的行为规范,由中央全面深化改革领导小组所提出,是中共中央及国务院关于推进生态文明建设和生态环境保护的一项重大制度安排。2015年7月,中央全面深化改革领导小组第十四次会议审议通过了《环境保护督察方案(试行)》,环保督察机制在此次会议中鲜明地被提出,该机制要求各地方党委及政府担负环境保护的主体责任,必须切实推动生态文明建设、实现"绿水青山就是金山银山"的美好蓝图。

党政同责、一岗双责,这是中央环境保护督查最重要也是最核心的准则,集中体现了地方党委和政府对于生态环境保护具体工作中的职责与关系,是集经济发展与环境保护于一体的科学抉择,十分明智地规避了生态文明建设中可能存在的政治风险。基于对象全面、内容全面、手段全面、目的全面四个全面的特征,生态环境保护督察制度具有以下功能:能够有效地监督并反馈各个地方对国家环境法律法规、政策、环境标准的执行情况,能够及时地处理相关环境污染现象,能够更好地处理生态破坏事件,实现跨区域的环境污染和生态破坏的协同处理。

2019年6月,生态环境保护督察制度的建设进行到了试点阶段并取得了阶段性的成果,中共中央办公厅、国务院办公厅印发了《中央生态环境保护督察工作规定》,明确规定生态环保督察的基本任务,规范了环保督察的主要内容、职责详细划分,清晰界定了督察权限,明确介绍了督察程序。《中央生态环境保护督察工作规定》全面彰显了中央坚定推动环保督察的决心,生态文明建设体制发展到了新的阶段。它作为中央环保督查的顶层设计,为环保督查更深远更长久的发展提供了厚实的基础。

党中央在生态文明建设体制改革上多年来一直循序渐进、稳中求胜,中央生态环境保护督查的创举是偶然的也是必然的。各级督察任务、督察目标在党中央的正确领导下各个突破、层层落实,生态环境保护各项决策部署得以全面推动、生根发芽,全国的生态文明建设也因此得到保障。在中央及地方各部门的努力下,地方环境质量得到了显著的改善,这将为今后更加广泛区域内实现高质量发展提供可能,也为我国加快产业升级转型和供给侧改革等的落实奠定良好的基础。准确把握督察目标,充分理解督察本质,激发被督察地区党委政府的政治觉悟,提高被督察地区、单位的处理能力,实现同题齐答、同点发力。随着中央生态环境保护督察制度的步步完善,生态环境保护的责任压力层层落实,督察政治作用得到有效发挥。

(二)中央生态环境保护督察制度的创新

1. 不断提高政治站位,坚决贯彻落实习近平同志生态文明建设重要战略思想

党的十八大以来,以习近平同志为核心的党中央领导将生态文明建设纳入中国特色社会主义"五位一体"总体布局,将人民的幸福感提升作为己任,切实为百姓描绘鸟语花香、繁星满天的未来生活画卷,并提出"生态兴则文明兴""蓝天碧水净土""绿水青山就是金山银山""要像对待生命一样对待生态环境""良好的生态环境是最普惠的民生福祉"以及"山水林田湖草生命共同体"等一系列的战略思想。针对生态环境保护面临的突出矛

盾,深化生态文明建设体制改革我国进一步深化生态文明建设体制改革,建立中央生态环境保护督察制度,要求坚持问题导向,敢于较真碰硬,以钉钉子精神一项一项紧抓落实,不彻底解决决不松手;要求层层压实责任,强化督察问责,真抓真管,以看得见的成效兑现承诺、取信于民;强调提高政治站位,上有政策、下有对策的行为一律禁止,有令不行、有禁不止的行为一律禁止,坚定朝着中国特色生态文明建设的方向大步迈进。

2. 坚持以人民为中心,以督察的实际成效增强人民群众的获得感

第一轮环境保护督察统计显示,13.5万件环境举报得到受理,推动8万多个垃圾、恶臭、油烟、噪声、黑臭水体、"散乱污"企业污染的解决,环境转变真实发生在人民群众的生活之中,点点滴滴影响着人民群众的幸福感,得到人民群众的真心拥护、热烈反响。在督察后期,可以明显感受到督察的效果和喜悦满足的氛围,电话信访、谱曲写诗,群众通过各种方式来表达对习近平同志,对党中央、国务院切实解决群众担忧、急群众之所急的真挚情感。

在督察中,始终以人民为中心,将群众身边看似不起眼的"小问题",作为督察关注的"大事情",努力增强人民群众的获得感;始终坚定解决群众环境诉求是中央生态环境保护督查的关键抓手,鼓励地方建立机制、立行立改,重视人民群众向上反映的所有真实存在的问题,并明确问题的严重性与紧迫性,制定严格、规范的对外公开要求和范式,将群众举报具体情况、地方查处整改情况、相关人员追责问责情况等,放在阳光下接受群众监督,做到公开透明,可查询、可核实、可监督,得到了人民群众的认可和信任。

3. 坚定问题导向,争取全面落实见事见人见责任

环境保护督察应当以问题为导向、以责任为归宿,真真切切地把每一个问题搞明白,把每一份责任落下去。因此,问题导向、紧盯责任、较真碰

硬,始终是督察工作的内在要求。在督察过程中,无论是个别谈话、走访问询,还是下沉督察和调查取证,都努力做到认真较真、严督严察,不仅是督问题,而且要找原因、察履职,做到见事见人见责任。

4. 紧盯地方党委政府,不断推动落实环境保护党政同责和一岗双责

环境保护督察始终将地方党委政府全面推动中央生态环境保护建设运行的情况、相关部门环境保护职责履行和任务达标的情况、基层环境保护工作实施的情况作为重中之重,紧盯地方党委政府,并从多个方面展开深入剖析,尤其针对地方党委政府及有关部门在履行环境保护责任方面存在的发展问题、工作问题、担当问题及其深层次原因,通过各种方式施加压力,致力于加快实现环境保护党政同责和一岗双责。

5. 注重加强信息公开,不断强化社会公众的知情权、参与权和监督权

中央环境保护督察既是重大的环保制度,也是重大的政治和民生工作,从一开始就得到了社会公众的广泛关心和关注。如何回应社会关切,如何通过强化社会公众的知情权、参与权和监督权更好地推动督察工作的开展,既是环境保护督察制度内涵所在,也是督察工作的内在要求。每一批督察工作,从启动到进驻,从反馈到整改,从边督边改到督察问责等情况均及时、全过程对外公开。特别是督察报告的主要内容,通过主流媒体向广大人民群众真实披露,人民群众对此反响剧烈,因此被督察地方无形中感受到舆论带来的巨大压力,更好更快地保障了督察整改和环保责任落实。

6. 严格严肃责任追究,切实发挥督察问责的教育、警示和震慑作用

严肃责任追究是环境保护督察的本质要求,也是确保督察成效的关键举措。严格的督察问责不仅能够起到利剑高悬、传导压力的作用,而且是生态环境保护领域加强正风肃纪、强化执纪问责的重要内容。对此,我们要保持高度的重视,对督察的要求严之又严、细之又细、慎之又慎。

（三）中央生态环境保护督察的主要成效

2015 年底,第一轮中央环境保护督察成功启动,实现了对 31 个省份以及新疆生产建设兵团的全覆盖,20 个省份成功开展了"回头看",专项督察紧紧围绕污染防治七大标志性攻坚战役和有关突出领域系统展开。中央环保督查团队的到来,使得 21 万件环境举报案件成功受理或转办,推进了人民身边真切发生的 15 万余环境难题得到切实解决。中央环境保护督察顺利推行、全面实施并取得重大成效,下面将从四个方面展开分析。

一是解决重点生态环境破坏问题的核心手段。始终坚持为人民群众服务,急人民之所急,解决人民之所忧,得到人民群众广泛称赞和拥护。如在第一轮督察及"回头看"工作中,解决了多达 15 万个关乎群众切身利益的生态环境问题。值得一提的是,七大有关污染防治的攻坚战联合专项督察的方式,成功地为大部分历史遗留的生态环境"老大难"问题的解决提供了范本。

二是社会经济高质量发展的巨大动力。环境是社会经济发展的基础,督察的实施能够进一步强化生态环境保护、优化经济社会发展的作用,增强地方党委政府落实新发展理念的主动性,发展与保护向平衡方向发展,重于经济发展而忽视生态环境问题、不顾环境承载能力的情况明显改善。中央生态环境保护督察促进经济的高质量发展,主要体现在:环境污染和损害项目得到有效控制环境治理和修复项目得以有效实施,传统高污染、高能耗产业加快优化升级,同时绿色生态产业发展迅猛,有力推动了产业结构转型升级。

三是全面落实生态环境保护责任的硬招实招。中央生态环保督察自启动以来,始终步步紧跟地方党委政府、有关部门生态环境保护责任落实和整改情况,不放过任何遗漏之处。在第一轮督察和"回头看"中,中央向地方共计移交了生态环境保护责任追究问题 509 个,切实问责 4218 位涉事干部。在全面督察、有责必究的强力手段下,生态环境保护"党政同责、一岗双责"的责任制随之逐渐落地生根。

四是推动职能和作风转变的锋利武器。除了地方生态环境保护责任落实情况,中央环保督察的内容更包括官僚主义、形式主义等工作作风转变情况,杜绝不良工作作风的持续发酵。在整改过程中发现的诸如整改不力、表面整改、假装整改和"一刀切"等突出问题,以及敷衍应对的工作态度,必须给予重大批评,深刻警醒。在"回头看"督察中,共公开曝光125个工作作风不端的典型案例,深入追究有关部门和领导的责任,有力促进了地方工作作风、工作态度的转变。

(四)中央生态环境保护督察的压力挑战

虽然中央生态环境保护督察取得了巨大的成就,但也面临一些压力与挑战。首先是督察的法治依据方面仍待健全。当前中央生态环境保护督察主要根据《党政领导干部生态环境损害责任追究办法(试行)》中的规定及实施细则开展,但该文件属于行政法规,因此需要加强与国家立法的衔接,通过两者的相互协同来达成中央环保督察责任追究的效果。其次是督察主体需要进一步完善。将全国人大、中央生态环境保护督察组、中纪委等形成一个有机体,整合环境保护法律推行、法治巡视、履职督查等职能,才能对督察发现的各类问题开展针对性的打击。再次是督察领域存在重叠。目前我国多头督察、重复督察的状况仍然存在,中央环境保护督察组的督察领域包括填海造陆、破坏湿地、破坏林地、侵占自然保护区等案件,同时自然资源部也整合了国土资源督察、国家海洋督察和林业督察的职能。因此,需对两项督察的关系加以梳理和有效分配督察领域,避免同一领域多主体督察的现象。最后是问责对象尚不全面。在中央层面,基本没有发生追责中央部委及其干部的情况,在地方层面,被问责的干部层级已有明显提高,最高涉及省级干部,县级干部问责的占有较大的比例,但市级党政主管却少见追责。而地方是否真正重视环境保护,市县级特别是市级党政主管是关键,对其追责不严,必然引起环境保护的压力传导层层衰减,虚假整改、敷衍整改和拖延整改等整改不力现象时有发生。

三、自然资源督察制度

(一)自然资源督察制度的提出

为有效提升土地管理的创新,2006 年,国务院办公厅发布《关于建立国家土地督察制度有关问题的通知》,这是我国建立国家土地督察制度的开始。该文件表示,由国土资源部代表国务院办公厅对各省、自治区、直辖市以及计划单列市人民政府土地利用和管理现状实行相关监督及检查工作。

2018 年,为更有力推进生态文明建设,党中央做出重要改革,将国土资源部等八个部门的职责重新整编为自然资源部,为切实履行党中央、国务院赋予的"两统一"职责,在机制制度上建立健全了自然资源督察制度,土地督察制度由此上升为自然资源督察制度。改革后的自然资源部门,担负着生态文明建设的重大责任,履行生态文明建设的重要职责,承担生态文明制度体系诸多任务,为实现蓝天、碧水、净土付出了汗水与努力,成为生态文明建设的主力军。无论是全面构建山水林田湖草生命共同体,还是从源头、过程、末端施行全方位管控,新建的自然资源部门都义不容辞。因此,以传统的土地督察业务为基础,自然资源督察全面扩展为对自然保护地、矿产资源、海域海岛资源等领域的督察,从空间到资源、从资源到生态、从生态到生物多样性。突出督察的生态属性,使生态文明建设落到实处。

(二)自然资源督察制度的要点

1. 督察原则

第一,实事求是、问题导向。督察工作要始终明确以问题为导向,坚持"问题不查清不放过、查处不到位不放过、群众不满意不放过"的原则,善于发现问题并主动解决问题,勇于承认错误并及时纠正错误。

第二,分类处置、注重实效。若督察时发现问题,应当细分明确整改目标、整改具体手段、责任单位和整改时限,确保立行立改、早见成效。

第三,属地为主、分级负责。县(市、区)级政府是督察整改的责任主体,按照"谁负责、谁整改"的要求,落实整改措施。

2. 督察对象及事项

督察对象是县(市、区)人民政府,必要时,对乡镇政府和有关部门开展延伸督察。督察事项包括以下几点。

第一,土地督察。对生态修复、永久基本农田保护及耕地、土地利用、建设用地的审核批准、不动产登记、规费管理和执法检查等情况开展督察。

第二,国土空间规划及管制督察。切实开展对于国土空间规划相关的准则的建立,并进一步实施与国土空间用途管制执行情况相关的督察。

第三,地矿督察。对矿产资源规划编制与执行、地质调查勘查和灾害防治、矿业权出让和审批、绿色矿山建设、矿山生态环境综合治理等工作开展督察。

此外,根据自然资源管理工作的具体实践,还可以重点对森林资源、海洋、湿地资源、测绘地理信息等自然资源管理的相关工作展开督察。

3. 督察方式

第一,常规督察。按照自然资源督察局和各省自然资源总督察办公室年度督察工作计划,做好相关实地督察、问题交办、督促整改和总结上报等工作。

第二,联合督察。根据工作需要,对自然资源重要领域联合生态环境、农业农村、应急管理、公安等有关部门开展联合督察。

第三,专项督察。自然资源管理工作实际的需求应当成为开展专项督察的指南针,对自然资源领域核心的工作及突出难题,应当切实开展专项性督察,要求地方政府和有关部门抓好整改落实工作。

第四，专案督察。针对群众信访举报、媒体的曝光、上级交办的任务、领导批示的重要事务等突出的自然资源核心问题，展开专案督察，必要时挂牌督办，限期整改。

4. 督察程序

督察工作因督察对象不同开展形式不同。一般采取以下程序进行：一是督察准备。制定督察工作方案，下发《督察通知书》，组织督察工作组，开展内业资料审查等。二是实地检查。组织督察工作组进驻被督察地区，通过听取汇报、检查台账资料、外业踏勘等方式进行。三是结果反馈。对督察事项进行总体评价，对发现的问题进行梳理反馈，报经局党委批准，向被督察地区下发《督察意见书》，提出整改意见，明确整改时限。四是整改落实。被督察地区对督察发现问题开展整改，及时纠正违法违规问题，并建立长效机制，提升管理水平。五是检查验收。组织验收组对被督察地区整改工作开展检查验收，提出验收意见。

5. 督察措施

被督察地区应在《督察意见书》规定的时限内积极开展整改工作。对存在拒不整改、瞒报虚报或整改不力、进度缓慢、敷衍塞责等情况的，下发《限期整改决定书》，并视情采取以下措施：一是公开通报。在一定范围内通报有关情况，如有必要，应向社会公开曝光相关问题。二是警示约谈。提请市人民政府对被督察地区主要负责同志进行约谈，提出警示，督促整改。三是追责问责。情节严重的，移送纪检、监察、组织、审计等有权部门对有关责任人员进行追责。四是限制审批。采取限制被督察地区相应自然资源审批等手段，督促整改有效落实。

(三)自然资源督察制度的特色

对自然资源督察相关文件精神和领导讲话精神进行研究，可发现督察工作要求发生了四个重大变化，具有如下特征。

1. 突出政治的根本属性

自然资源部门为指定授权的中国特色新型国家机关,不限于简单根据固有的法律法规来监督管理相关业务。因此要突出其政治属性,时刻密切关注中共中央出台的各项方针政策,尤其是有关自然资源管理的任何决定及决议,应当坚持以党的领导为核心,履行一切决策部署以及有关法律法规,以此为方向切实推动地方政府与党中央保持高度一致。

2. 坚守生态底色

自然资源部坚定不移地执行中共中央交代的各项任务,包括生态文明建设,尤其要注重生态环境保护工作的执行。改革后的自然资源部门,担负着生态文明建设的重大责任,履行生态文明建设的各项职责,管控自生态保护源头管理至末端维护的全过程,成为生态文明建设的主力军。为全面推行自然资源管理的各项关键任务,自然资源督察工作就必须坚定彰显其生态底色,以人类赖以生存的美好家园的建设及保护为己任,促进祖国生态家园迈向新的时代。

3. 强化权责对等

自自然资源督察制度确立以来,甘肃祁连山国家级自然保护区、秦岭北麓西安境内均曝光出严重的生态环境破坏行为,引起了中央的高度关注。自然资源督察部门应积极响应中共中央及广大群众的诉求,严肃查处相关违纪违规甚至违法的恶劣行为,并对违法违规建筑开展彻查清理整治专项行动,以坚毅的决心践行权责对等的核心要义。只有通过实际的督察与相应的惩治措施,地方各级政府和自然资源管理机构才能够切实感受到自然资源督察的刻不容缓,面对整改的压力,相关自然资源管理机构及政府部门才能进一步强化履职的要求。要深刻认识到督察机构职能扩大的两面性,权利与责任的背离将会引发不可逆转的严重后果,因此需保证"权责对等",实现无问题遗漏、监督职责履行到位、整改问题处理到位,落实"有权必有责、有责必担当、失责必追究"。

4. 秉持实事求是

实事求是是我国发展与建设的根本,也是自然资源督察工作中应当始终秉持的根本要求。要从问题的类型、产生问题的原因及目的、问题的主客观性等多个方面综合思考和分析问题,归纳总结后提出相应解决问题的有效途径。同时,要从内部整改做起,发现问题的本质和核心,科学的政策指引是督察发现问题、解决问题的根本,也是切实掌握实际后方能探索出的解决问题之道,根据对实际问题的分析及判定,综合不同层级的意见和建议并结合对整改过程的定期追踪与评估,制定出一系列有章可循、有针对性与说服力的解决途径。

(四)自然资源督察制度的挑战

自然资源督察是新生的推动者与助力者,是生态文明建设必不可少的部分,也是建设自然资源管理新秩序不可或缺的一环。在生态文明建设推进过程中,因存在各种不良因素的影响,如传统发展模式惯性、地方和部门利益纠纷、严重的违法问题等,自然资源督察必然面对众多难题。

首先,自然资源领域的违法违规问题依然存在。在土地方面,尽管历经13年土地资源督察机制的严督明察,有些问题仍是屡察屡犯。例如违规占用耕地,此类顽固性难题时有出现,无论是森林还是草原都面临着非法及过度利用的情况,不可避免地造成了对资源的浪费,同时也对生态环境造成了不可逆转的影响。

其次,督察团队处于成立初期,处在建设发展的关键时期,人员的配备不够完善,缺少强劲的团队力量,难以适应繁重的工作。从土地督察到自然资源督察,督察的对象和范围有了极大的扩展,更涉及生态、自然资源的领域,而目前的督察难以适应繁重的工作,督察队伍的人才培养体系尚未健全。

最后,督察的一方和被督察的一方位于不同的立场,必然存在多样的矛盾,且难以调和。需要明确这种矛盾是长期存在的,不是现在才有的,且矛盾时时处处事事都有,应当将矛盾转化为发展的动力。这种矛盾早在土地督察时期就出现过,督察的一方的职责、任务及目标明显有别于被督察的一方。督察机构和地方政府在配合督察中难免有摩擦,需要双方的协调和退让,若无法达到统一,就会导致执行困难。实际督察中,督察不能落到实处,许多部门及企业只是表面上整改,暗地里依然照旧,这种抵抗督察的行为应当禁止。

(五)完善自然资源督察制度的思考

自然资源督察起源于土地督察,是中国特色社会主义新时代的产物。相较于土地督察,自然资源督察具有更强的系统性、整体性,拥有更加丰富的新理念、新思维,督察形式也新颖多样。由过去人们只注重单一资源的保护,到现在转变为对整个山水林田湖草生命共同体的督察,自然资源督察制度正在一步步得到升华。

1. 做好督察的统一指挥,完善督察报告机制

建立完善的自然资源督察工作可以分为若干子任务,包括认真执行中共中央及上级领导的决策、密切关注生态文明领域的关键性问题、常态化的组织会议与汇报等。在部党组领导下,由总督察办安排部署诸如国土、海洋、山水林田湖草等的所有督察。为突出督察机构的整体性和权威性,应实行"三统一"。一是督察警示约谈统一安排,以确保督察机构能够一致地接受到相关督察任务,严防个别徇私舞弊的现象。二是督察调研统一策划组织,有利于进行规范性的督察,同时能够就相似的问题进行总结归纳对比,以制定出更有针对性的地方督察实施规范。三是督察成果统一报告应用,需明确督察成果关系着制度发展改革的重要方向,需要多级领导干部、广大督察组织成员全面参与进来,集思广益,为自然资源督察的发展提

供新思路。切忌督察制度的随意性,应当明确什么时候督察、怎么督察、怎么汇报等各方面的问题,真正做到将问题落到实处,积极向党中央反馈。

2. 构建督察的参考图,建立督察问题机制

一是自然资源督察应当有统一的参考图作为自然资源督察工作底图和基础。在第三次国土调查中,为解决原国土、林业、草原、海洋、城建规划等部门的数据交叉重叠问题,绘制统一准确的土地利用现状图作为各部门的最终且唯一的参考图,可以为实现生态红线的绘制、"多规合一"的战略任务以及国土空间规划的宏伟蓝图筑好了坚实的地基。二是掌握"一套数据",实时更新,保证其有效性。新的数据应当以更加现代化、更加快速便捷的方式取代原来的旧数据,并建立相应的平台使之统一展示,以使任何规划建设都是建立在最新的数据底图之上。三是用好遥感卫星。对于土地利用现状的监测,单单靠人工显然是不合理的,新时代下数据的监测应当密切结合遥感技术,以最新的监测数据辅助土地利用现状的人工调查。四是设计成套的系统。个别领域与技术的提升是基础,更重要的是建立起一整套合乎各部门需求的自然资源督察体系,为更好地服务于山水林田湖草生命共同体的建设提供动力。五是坚持开发外业核查的重要功能。这是建立自然资源督察问题的重中之重,是保持问题真实性和客观性的重要基础。

3. 加大专项督察力度

日常督察是督察的基础,专项督察就好比定向追踪技术,能够有效地就重点难点做出及时反馈。专项督察事项多为时下的社会热点、焦点,具有极高社会关注度,这就赋予了专项督察一定的针对性、灵活性、时效性,可根据社会要求适时开展。同时专项督察也是分资源类别进行督察的重要途径,如森林、草原、矿产等,专项督察能一目了然地展示出其督察的结果,以便地方政府清晰地发现问题并制定相应的解决措施。

4. 建立自然资源督察的知识培训体系

首先,完善自然资源督察知识储备体系,以"五位一体"为指导,重点关注生态文明建设思想与自然资源监督管理的变化。其次,展开相关知识体系的培训,不断查漏补缺,组织督察干部学习自然资源领域的法律、法规、政策和业务知识。最后,还要结合现代大学生的培养,使知识走进校园,进一步丰富督察队伍人才储备。

第五章　完善生态文明建设的法治保障

依法治国是党领导人民治理国家的基本方略，也是推进生态文明体制机制改革的题中应有之义。大力推进生态文明建设，必须运用法治思维和法治方式面对生态问题。习近平同志指出："保护生态环境必须依靠制度、依靠法治。只有实行最严格的制度、最严密的法治，才能为生态文明建设提供可靠保障。""要完善法律体系，以法治理念、法治方式推动生态文明建设。"任何成熟的制度，只有上升为法律，成为全国人民的意志，才能够形成长效机制。"法治与生态的联姻，是生态文明发展的一个重要标志。"因此，生态文明制度建设就必然要求完善的生态文明法治保障制度。

新中国成立70多年的生态文明法治制度建设，尤其是改革开放40多年来的生态文明法治保障制度建设，特别是我国进入中国特色社会主义新时代以来的生态文明法治保障制度建设取得了举世瞩目的成绩，有着很多突破性的制度性创新。无论是在科学立法、严格执法还是公正司法方面，都进行了许多伟大的实践和制度创新，建立了许多法治保障的长效机制，这些都值得认真总结和归纳，以便更好地指导我们生态文明的制度建设和实践。与此同时，在生态文明法治保障制度的建设上，也存在一些需要改善的问题，需要我们不断努力。

第一节　生态文明科学立法逐渐实现

生态文明制度建设要求完善的法治保障制度,而完善的法治保障制度首先要求科学、严密、健全的法律制度,也就是要求实现生态文明的科学立法,提高立法质量。习近平同志指出:"人民群众对立法的期盼,已经不是有没有,而是好不好、管用不管用、能不能解决实际问题;不是什么法都能治国,不是什么法都能治好国;越是强调法治,越是要提高立法质量……"自中华人民共和国成立以来,我国生态文明法律保障制度从无到有,从有到优,生态文明保护的法律制度日益健全,立法质量和立法水平不断提高,相关法律制度不断体现我国的生态文明理念,表达人民群众对美好生活的向往,符合美丽中国的生态要求。

一、生态文明法律保障制度不断健全

我国的生态文明法律保障制度经历了中华人民共和国成立初期从无到有的艰难探索,改革开放以来健全制度的健康发展,新时代制度创新的巨大飞跃三个重要的历史阶段,每个阶段的法律保障制度都体现了当时生态文明发展的时代要求和时代使命。在不断的探索、发展和创新过程中,我国生态文明法律保障制度不断健全,日益完善的法律保障制度为我国的生态文明建设提供了强有力的制度基础。

(一)新中国成立初期环境保护法律保障制度的艰难探索

新中国成立以后,我国在环境保护、生态文明建设方面进行了十分艰难的探索,留下了宝贵的经验。新中国成立初期在生态文明法律保障制度方面的探索经验主要可以概括为以下三点。

第一,从宪法高度确立保护环境的制度保障。我国1954年颁布的《宪法》第六条规定,"矿藏、水流,由法律规定为国有的森林、荒地和其他资源,都属于全民所有"。该宪法条文首次确立了自然资源的国家所有权制度。1978年《宪法》第十一条规定:"国家保护环境和自然资源,防治污染和其他公害。"该宪法首次将保护环境和防治污染写入国家根本大法,确立其为国家的基本职责。这一规定"奠定了中国环境资源法体系以及环境与自然资源法学的基本构架"。

第二,为环境保护建设奠定基本的制度基础。我国从1950年开始,先后制定颁布《矿业暂行条例》《国家建设征用土地办法》《狩猎管理办法(草案)》《水产资源繁殖保护条例(草案)》等一大批与环境保护有关的法规、规章、指示等。据不完全统计,从1949年新中国成立至1978年改革开放前,我国共制定颁布20多部与环境保护有关的条例、规章。这些为我国的生态文明建设打下了很好的基础,确立了此后环境保护的制度框架。

第三,开创环境保护的新纪元。1972年,我国第一次派出政府代表团参加联合国人类环境会议并在会议发言,阐明我国环境保护的原则立场。在听取代表团参加会议的报告后,周总理决定于1973年召开第一次全国环境保护会议,该会议最后通过了《关于保护和改善环境的若干规定(试行草案)》。该规定最后确立了"全面规划,合理布局,综合利用,化害为利,依靠群众,大家动手,保护环境,造福人民"32字环境保护方针,事实上是我国第一个综合性环境保护的法规,成为我国后来制定《环境保护法》的重要参考依据。

(二)改革开放以来环境保护法律保障制度的健康发展

我国在改革开放以后在环境保护法律保障制度的建设与发展上取得了丰硕成果,形成了一系列的环境保护法律制度。总结起来,这一时期我国在环境保护法律保障制度的经验主要有以下两点。

第一,生态环境"入宪",环境保护有了根本法保障。我国1982年修订的《宪法》第九条规定:"国家保障自然资源的合理利用,保护珍贵的动物和植物。禁止任何组织或者个人用任何手段侵占或者破坏自然资源。"第二十六条将 1978 年《宪法》第十一条"国家保护环境和自然资源"修改为"国家保护和改善生活环境和生态环境"。1982 年《宪法》首次以根本大法的形式确认了"生态环境"的概念,为环境保护提供了根本保障。

第二,环境保护的法律制度不断确立并完善,环境保护的法律体系基本形成。这一时期,我国涉及环境保护方面的法律法规不断颁布实施,各项重大环保制度依法建立,环境立法速度居各部门法之首。具体而言,这一时期的环境保护法律制度的确立呈现出三个特点:一是与环境保护有关的综合性、专门性的法律迅速颁布实施。截至 2012 年底,我国已经颁布实施《海洋环境保护法》《水污染防治法》《清洁生产促进法》《森林法》《草原法》《节约能源法》《环境保护法》《水土保持法》《循环经济促进法》等各种环境保护法律 30 多部,平均每年有一部与环境保护有关的法律出台。二是与环境保护有关的配套法律不断出台,环境保护出现在民法、刑法、诉讼法等多种法律之中。1986 年《民法通则》第一百二十四条确立了"污染环境的民事责任",2007 年《物权法》第八十三条、第九十条规定了环境保护相邻关系,2009 年《侵权责任法》第八章明确了"环境污染责任";1997 年《刑法》第六章第六节规定了"破坏环境资源保护罪",第九章规定了"环境监管失职罪";2012 年《民事诉讼法》第五十五条规定了"污染环境的公益诉讼"。三是相关的行政法规、规章、国家环境标准对环境保护法律制度不断进行细化和完善。据统计,截至 2013 年,国务院制定环境行政法规 60 余部,国务院主管部门制定环境行政规章 600 余部,颁布国家环境标准 1200 余部。可以说,我国在这一时期基本上形成了环境保护的法律保障体系。

(三)新时代生态文明法律保障制度的巨大飞跃

党的十八大以后,我国在生态文明建设上形成了一系列新思想、做出了一系列新的战略部署,生态文明的法律保障制度迎来了新时代。总结而言,我国新时代生态文明法律保障制度的成功经验可以归结为两点。

第一,生态文明"入宪",形成了"五位一体"的生态文明战略布局。党的十八大报告将生态文明建设纳入"五位一体"的战略布局中,将建设美丽中国作为党和人民的重要奋斗目标。党的十八届三中全会通过的《中共中央关于全面深化改革若干重大问题的决定》提出要加快建立系统完整的生态文明制度体系;党的十八届四中全会通过的《中共中央关于全面推进依法治国若干重大问题的决定》提出要用最严格的法律制度保护生态环境;党的十八届五中全会通过的《中共中央关于制定国民经济和社会发展第十三个五年规划的建议》将绿色发展纳入新发展理念。《中共中央 国务院关于加快推进生态文明建设的意见》《生态文明体制改革总体方案》等党和国家的重要政策突出强调生态文明建设的紧迫性。党的十九大报告提出"加快生态文明体制改革,建设美丽中国",党的十九大修改的《党章》进一步明确生态文明建设的重要性。在此基础上,我国于2018年修正的新《宪法》在宪法序言明确规定国家的根本任务是"推动物质文明、政治文明、精神文明、社会文明、生态文明协调发展,把我国建设成为富强民主文明和谐美丽的社会主义现代化强国",并在第八十九条规定国务院的重要职权是"领导和管理经济工作和城乡建设、生态文明建设"。至此,我国以国家根本大法的形式规定了国家的根本任务和政府的重要职责包括"生态文明建设",为我国生态文明建设提供了最根本的制度保障。

第二,在"最严法治观"指导下建立健全生态文明建设法律保障制度。进入新时代以来,在习近平生态文明思想的指导下,我国以"实行最严格的制度、最严密的法治"为指导方针,对我国的生态文明建设法律制度进行了全面的制定和修订。具体而言,一是按步骤全面修订与生态文明建设有关的法律制度。2014年,我国对1989年《中华人民共和国环境保护法》进行全面的修订,形成了新的"史上最严厉的环保法律"。以此为起点,我国近几年陆续修订了《畜牧法》《固体废物污染环境防治法》《电力法》《大气污染防治法》《节约能源法》《环境影响评价法》《野生动物保护法》《水污染防治法》等多部与生态文明建设有关的法律制度,并不断加快其他法律制度的修订工作,使得这些现存的法律制度更加完善。二是加快制定单行法律,健全生态文明建设的法律制度。我国 2016 年制定了《环境保护税法》《深海海底区域资源勘探开发法》,2018 年制定了《土壤污染防治法》等多部单行法律。另外,《长江保护法》《国家公园法》《能源法》等多部法律已经进入人大的立法规划之中。三是其他部门法的制定、修订也贯穿了生态文明建设的理念要求。我国的民法典编纂体现了鲜明的"绿色"立法理念和立法思想。2017 年通过的《民法总则》第九条确立了民事活动的"绿色原则",当时正在征求意见的民法典物权编、侵权责任编、人格权编等法律条文草案也充分将"绿色原则"纳入其中。2017 年新修订的《民事诉讼法》第五十五条和《行政诉讼法》第二十五条专门规定了检察机关的包括环境公益诉讼在内的公益诉讼制度。

三个重要历史阶段的生态文明法律保障制度见表 5-1、表 5-2、表 5-3。

表 5-1　中华人民共和国成立初期我国有关生态文明建设的法律制度(1949—1978 年)

年份	法律、法规、政策、指示
1950	《矿业暂行条例》
1953	《政务院关于发动群众开展造林、育林、护林工作的指示》
1953	《国家建设征用土地办法》
1954	《中华人民共和国宪法》("五四"宪法)
1956	《工厂安全卫生规程》
1956	《狩猎管理办法(草案)》
1957	《水产资源繁殖保护条例(草案)》
1957	《关于注意处理工矿企业排出有毒废水、废气问题的通知》
1957	《水土保持暂行纲要》
1960	《放射性工作卫生防护暂行规定》
1960	中共中央批转《关于工业废水危害情况和加强处理利用的报告》

续表

年份	法律、法规、政策、指示
1962	《国务院关于积极保护合理利用野生动物资源的指示》
1963	《中华人民共和国水土保持暂行纲要》
1963	《森林保护条例》
1964	《城市工业废水、生活污水管理暂行规定(草案)》
1964	《放射性同位素工作卫生防护管理办法(试行)》
1965	《矿产资源保护试行条例》
1967	《关于加强山林保护管理,制止破坏山林、树木的通知》
1973	《关于保护和改善环境的若干规定(试行草案)》
1974	《工业"三废"排放试行标准》
1976	《生产饮用水卫生标准(试行)》
1978	《中华人民共和国宪法》("七八"宪法)

表 5-2　改革开放以来我国有关生态文明建设的法律制度(1979—2012 年)

年份	法律
1979	《中华人民共和国环境保护法(试行)》
1979、1997	《中华人民共和国刑法》
1982	《中华人民共和国宪法》("八二"宪法)
1982、1999	《中华人民共和国海洋环境保护法》
1984、2008	《中华人民共和国水污染防治法》
1984、1998	《中华人民共和国森林法》
1985、2002	《中华人民共和国草原法》
1986	《中华人民共和国民法通则》
1986	《中华人民共和国土地管理法》
1986、2000、2004	《中华人民共和国渔业法》
1986	《中华人民共和国矿产资源法》
1986、1988、1998、2004	《中华人民共和国土地管理法》
1987、1995、2000	《中华人民共和国大气污染防治法》

续表

年份	法律
1988、2002	《中华人民共和国水法》
1988	《中华人民共和国野生动物保护法》
1989	《中华人民共和国环境保护法》
1991、2010	《中华人民共和国水土保持法》
1995、2004	《中华人民共和国固体废物污染环境防治法》
1996	《中华人民共和国环境噪声污染防治法》
1996、2009、2011	《中华人民共和国煤炭法》
1997	《中华人民共和国防洪法》
1997、2007	《中华人民共和国节约能源法》
1997、2008	《中华人民共和国防震减灾法》
2001	《中华人民共和国海域使用法》
2001	《中华人民共和国防沙治沙法》
2002	《中华人民共和国环境影响评价法》
2002、2012	《中华人民共和国清洁生产促进法》
2003	《中华人民共和国放射性污染防治法》
2005、2009	《中华人民共和国可再生能源法》
2007	《中华人民共和国物权法》
2007	《中华人民共和国城乡规划法》
2007	《中华人民共和国突发事件应对法》
2008	《中华人民共和国循环经济促进法》
2009	《中华人民共和国侵权责任法》
2009	《中华人民共和国海岛保护法》
2012	《中华人民共和国民事诉讼法》
2012	《中华人民共和国农业法》

表 5-3　新时代以来我国有关生态文明建设的法律制度（2013 年至今）

年份	法律、政策等
2013	《中华人民共和国渔业法》
2013	《中华人民共和国煤炭法》
2013	《中华人民共和国海洋环境保护法》
2013	《中华人民共和国固体废物污染环境防治法》
2014	《中共中央关于全面推进依法治国若干重大问题的决定》
2014	《中华人民共和国气象法》
2014	《中华人民共和国环境保护法》
2015	《中共中央、国务院关于加快推进生态文明建设的意见》
2015	《生态文明体制改革总体方案》
2015	《中共中央关于制定国民经济和社会发展第十三个五年规划的建议》
2015	《中华人民共和国城乡规划法》
2015	《中华人民共和国畜牧法》
2015、2016	《中华人民共和国固体废物污染环境防治法》
2015	《中华人民共和国电力法》
2015	《中华人民共和国文物保护法》
2015	《中华人民共和国大气污染防治法》
2015	《最高人民法院关于审理环境侵权责任纠纷案件适用法律若干问题的解释》
2016	《中华人民共和国环境保护税法》
2016	《中华人民共和国深海海底区域资源勘探开发法》
2016	《中华人民共和国水法》
2016	《中华人民共和国防洪法》
2016	《中华人民共和国环境影响评价法》
2016	《中华人民共和国节约能源法》
2016	《中华人民共和国野生动物保护法》
2017	《中华人民共和国民法总则》

续表

年份	法律、政策等
2017	《中华人民共和国水污染防治法》
2017	《中华人民共和国民事诉讼法》
2017	《中华人民共和国行政诉讼法》
2018	《中华人民共和国宪法》(修正案)
2018	《中共中央 国务院关于全面加强生态环境保护坚决打好污染防治攻坚战的意见》

二、生态文明立法彰显中国理念

我国在创制生态文明建设法律保障制度的过程,走出了一条独具中国特色的立法之路。中国的生态文明法律制度建设始终坚持围绕中国实践、解决中国问题、建构中国制度的思路,在立法过程中逐步形成了"推进生态文明建设,促进经济社会可持续发展"的立法理念。

(一)生态文明法律保障制度的主要特点

通过对我国生态文明法律保障制度的历史梳理,不难看出,我国的生态文明法律保障制度在历史发展过程中形成了以下几个主要特点。

第一,始终从宪法的高度为生态文明建设提供根本法保障。我国从1954 年《宪法》制定以来,历经 1975 年《宪法》、1978 年《宪法》到 1982 年《宪法》,这四部宪法都对环境资源、环境保护做了重要的规定。在 1982 年《宪法》基础上,经过 1993 年、1999 年、2004 年修正的宪法不断为环境保护提供根本法保障,2018 年修正后的新宪法更是确立"推动生态文明建设"是国家的根本任务,从而以国家最高法的形式奠定了我国生态文明建设的根本制度基础。

第二,从综合法到单行法,从法律到法规、规章,相关法律制度不断完善。纵观我国环境保护立法的历史,可以清晰看出,从中华人民共和国成立之初的《关于保护和改善环境的若干规定(试行草案)》到改革开放时期的《环境保护法(试行)》再到新时代的《环境保护法》,每个时期的立法思路大致都是先制定一个环境保护的综合性法律,然后在此基础上制定大量的单行法,在相关单行法颁布后再不断出台各种行政法规、部门规章、国家标准。我国生态文明立法体现为从无到有、从有到优、从粗到细、从宽到严、从低到高的立法特点,相关法律制度在不断制定、修订的过程中走向完善。

第三,立法理念不断进步,从简单保护到科学发展到生态文明、"五位一体"不断升级。我国环境保护立法一开始的理念只是简单的"消除污染、保护环境"。随着环境问题的日益突出,我国开始提出"环境保护与经济建设协调发展"的环保立法理念。在环境问题日益制约我国可持续发展之后,我国开始确立"科学发展观"的立法理念。党的十八大之后,我国开始确立"五位一体"的"绿色发展"立法理念。可见,我国生态文明建设的立法理念经历了"从污染防治到公众健康、从发展优先到保护优先、从对环境资源的单一保护到五个文明建设统筹协调的价值取向根本转变"。

第四,保护力度不断加强,生态文明立法地位、立法速度、立法质量都不断提高。1993年,全国人大成立了全国人大环境保护委员会,1994年更名为全国人大环境与资源保护委员会,成为我国环境资源保护立法的核心部门,使环境资源保护立法有了很好的保障。同时,改革开放时期我国的环境保护立法十分迅速,经过短短几十年就制定了一大批环境保护法律,确保了我国环境保护"有法可依"。进入新时代以后,我国的环境保护、生态文明建设立法更是实现了立法速度和立法质量的跃升,努力形成了"科学立法",严密的法律制度为我国推进生态文明建设提供了重要的制度保障和法律依据。

(二)生态文明立法的创新经验

我国在生态文明法律保障制度的确立和发展过程中取得了丰硕的成果。总结起来,生态文明建设法律保障制度的创新经验可以归结为四点。

第一,人民性:立足国情,实事求是,坚持以人民为中心的立法价值取向。每一部环境保护法律的制定、修订都是立足中国的客观实际,根据我国经济、社会发展的阶段特征,生态文明建设遇到的问题,尤其是人民群众对经济社会环境的需要而进行的。中国生态文明法律保障制度的制定、修改和完善过程,就是不断回应人民根本需要的过程。从一开始宪法确立"保护环境、预防污染"到生态环境"入宪"到生态文明"入宪",我国环境保护领域综合法、单行法、法规、规章不断出台和增多,环境保护标准不断提高,整个生态文明建设法律保障制度的建立完善过程都以人民利益为根本出发点,不断地将人民群众的意见和建议体现为法律制度。

第二,时代性:紧跟时代步伐,保持与时俱进的马克思主义理论品质。我国生态文明法律保障制度的建立和完善过程充分体现了马克思主义与时俱进的品质。这种与时俱进体现在两方面:一是相关法律制度充分体现了环境保护与经济社会发展相协调。中华人民共和国成立之初主要考虑的是发展工业,建立工业体系,因此中国的环境保护法律此时相对较少;改革开放时期,强调以经济建设为中心,因此此时更多的是考虑环境保护与经济、社会协调发展;新时代以来,强调"绿色发展",因此此时考虑的是保护优先、五个文明建设统筹协调。二是相关法律的制定出台与国际社会发展同步。1972年中国派代表团参加联合国第一次人类环境会议,1973年就接着召开第一次全国性的环保会议,并通过了《关于保护和改善环境的若干规定(试行草案)》。此后几十年,我国在不同时期的生态文明建设立法过程中,都及时吸收借鉴世界其他国家的相关经验和最新成果,同时把我国的相关经验和做法向国际社会推广。我国的环境立法基本上实现了与世界"同频共振"。

第三,实践性:从无到有,不断开拓创新,把握实践出真知的客观规律。我国社会发展经历了一个从物质文明到生态文明,从"以经济建设为中心"到"五位一体"协同发展、建设美丽中国,实现中华民族的可持续发展。我国生态文明建设立法正是在实践中深化认识,在实践中把握客观规律,并将这些客观规律上升为法律制度的过程。另外,中国的生态文明建设立法从无到有,不断更新完善的过程也体现了在实践中把握客观规律。纵观中国这些年的环境保护立法,只要是实践需要的法律,就及时出台,为实践提供制度依据。当对相关认识有较大争议,法律制度的出台时机不成熟时,就会先搁置争议,等时机成熟再最终确立。1979 年《环境保护法(试行)》出台后,因为对于环境保护法出台有着较大争议,就选择搁置,先出台了其他单行环境保护法律,经过 10 年的实践后,在 1989 年再最终出台《环境保护法》。进入新时代以后,因为对生态文明建设的认识达到了新高度,因此,又陆续修订了许多过于宽松或过时的法律,又不断制定出台许多新的法律。

第四,综合性:综合保护,综合发展,掌握综合协调立法的科学方法。我国生态文明立法的综合性主要体现在两方面:一是环境保护与经济、社会各方面综合协调。我国自 1979 年《环境保护法(试行)》出台以来,虽然不同时期环境保护立法内容有所变化,但"保护自然环境,防治环境污染和生态破坏"的立法宗旨一直不变,环境保护与经济、社会的协调发展理念始终不变。中国每一部环保法律制度的制定出台,都是综合考虑当时经济社会发展水平,确保法律制度既不超前也不滞后于经济社会发展情况。二是生态文明立法、执法、司法、守法的综合协调。每一部环保法律制度的出台,都会综合考虑到该法律出台可能给执法、司法、守法带来的客观影响,考虑到法律制度与国家政策的转化衔接,确保相关法律制度能及时反映党和国家的政策方针,能得到真正实施。

(三)生态文明立法亟待解决的问题

我国生态文明立法所取得的成就有目共睹,相关宝贵经验值得继续发扬。同时,我国生态文明立法过程中所存在的一些问题也亟待我们解决。具体如下。

第一,有些生态文明法律的质量有待提高,相关领域存在法律空白。

我国的一些生态文明法律的规定过于原则,缺少明确有力的规定,可操作性较差。在许多环保领域还存在无法可依的现状,如排污许可、核安全、遗传资源保护、生物安全、危险化学品管理、光污染、臭氧层保护、重金属污染、生态保护、环境损害赔偿、环境监测等诸多方面还尚未制定相关的法律或行政法规。中国签署的一些国际环境条约尚缺国内的配套立法。生态保护的诸多领域依然缺乏法律依据。

第二,生态文明法律的修改、废止、解释工作有待加强,相应的配套制度措施有待跟进。我国现存的一些生态文明法律的规定已经不能反映我国生态文明建设的现实,有些已经严重滞后于我国生态文明建设的步伐,急需对其进行清理工作,及时修改、废止或者作相应的立法解释。如《固体废物污染环境防治法》《环境噪声污染防治法》《环境影响评价法》等重要法律已经不适应现实需要。有些法律制度出台后,相应的配套制度和措施迟迟得不到有效的落实和跟进,使得相关法律不能得到有效施行。

第三,生态文明法律制定统一性欠缺,法律的生态化有待提升。我国的一些生态文明法律呈现出碎片化、零散化的特点,各部法律之间存在相互重复乃至相互矛盾的情况,与生态文明建设相关的综合性体制机制还相对欠缺,这些问题反映出我国的生态文明法律的统一性、综合性还有待提高。在环境法已经成为重要的法律部门的情况下,其他部门法的"绿色化"明显不足,一些法律法规成为生态文明建设"绊脚石"的情况还时有发生,整个法律体系的生态化还有待提升。

第四,生态文明法律制定的运行机制设置有待改善,环境保护法律责任的设置亟须完善。我国的一些法律过于强调政府的环保职能和职权,而缺乏动员其他环保利益相关主体广泛参与的机制,疏忽了相关主体环境保护的社会责任。生态文明法律在环境保护责任的设置上还存在对环保违法的处罚力度较弱、环境违法成本较低、政府行为的法律约束不够、环保社会监督的法律机制不健全等问题。

三、完善生态文明法律保障制度的方向

我国生态文明建设法律保障制度现存的一些问题启示我们,要不断更新生态文明立法理念,理顺生态文明立法的体制机制;全方位提高环境保护责任,促进我国相关法律的生态化;进一步提高生态文明法律质量,更加完善生态文明法律保障制度。

(一)不断更新生态文明立法理念,建立健全生态文明立法的体制机制

深入贯彻落实习近平生态文明思想,以此指导我们的生态文明立法工作。要树立"绿色"理念,将"绿色"思想贯穿到生态文明立法的每一方面、每一步骤。要确立整体思维、综合理念,在生态文明立法过程中充分体现"既要金山银山又要绿水青山,绿水青山就是金山银山"的指导思想,既不能忽视生态文明建设,也不能片面强调生态文明建设而忽视了经济、社会的发展,统筹推进生态文明与物质文明、政治文明、精神文明、社会文明"五个文明"的协调发展。

建立健全综合协调立法体制,完善由人大主导生态文明立法机制,确立人大对政府违反生态文明法律行为的监督和问责机制。改变以政府为主导、以行政力量为主的法律制定体系,进一步统一全国人大的生态文明立法权限和立法职责。科学规划、统筹协调生态文明立法项目,按照轻重缓急原则并结合立法实际确立生态文明立法的工作进程。注重健全生态文明建设法律制度的起草、论证、咨询、评估、审议等工作机制,完善立法程序、规范立法活动,确保生态文明立法的体制机制高效顺畅运行。

(二)全方位提高环境保护责任,促进我国相关法律的生态化

全面提高行政机关的环境保护责任。行政机关在生态文明建设中发挥着主导性作用,其相关行为对生态文明法律制度的有效运行具有重要作用。因此,应当在法律制度中明确规定行政机关及其工作人员环境保护不

作为及环境破坏乱作为等违反生态文明法律制度的法律责任,研究在法律制度中确立行政人员环境责任"一票否决制"等问责制度。

完善公民、企业等主体环境违法行为的行政责任、民事责任、刑事责任,建构最严密的环境违法责任制度。行政责任方面,可以大幅提高相关主体环境违法的行政处罚力度;民事责任方面,可以改造、完善环境侵权责任制度,确立"举证责任倒置"制度,确立惩罚性赔偿制度;刑事责任方面,可以提高犯罪主体的刑期、增加罚金数额等,从法律制度上提高生态违法成本,减少乃至杜绝环境违法犯罪行为。

促进我国相关法律的绿色化、生态化,将绿色发展的理念贯彻到所有相关法律之中及自然资源开发和利用的各个环节之中。在民法、行政法、刑法、诉讼法等各个部门的制定修改过程中,最大限度地将"绿色"理念贯穿其中,确保这些部门法沿着生态文明建设的方向发展。构建绿色生产、消费的法律制度,推动建立资源高效利用、循环集约利用的法律制度,将"绿色"理念贯穿生产、生活的全过程。

(三)进一步提高生态文明法律质量,更加完善生态文明法律保障制度

不断提高生态文明立法质量,确保法律科学可行。提高生态文明立法的专业性和技术性,扩大公民参与立法途径,努力实现立法全过程都能反映人民群众的意见和建议,通过科学立法、民主立法来保障法律的可行性和时代性。

努力实现环境权"入宪"。环境权"入宪",在宪法确定环境保护国家目标的基础上,确定以保障公众生命健康为核心的环境保护价值取向,促进我国环境治理由质量管理向风险预防的转型升级。环境权"入宪"既可以为公民有权利享有良好的生态环境提供宪法依据,又可以为全社会各有关主体承担环境保护义务提供宪法基础。

及时制定相关法律法规,填补生态文明有关领域法律的空白。如尽快通过《国家公园法》等自然公园保护法律,尽快研究制定《生态文明促进法》

等相关法律,完善生态补偿相关立法。启动对相关法律的修改、废止,及时制定相应的行政法规、规章、国家标准和相应的配套措施。

在时机成熟时启动环境法典的编纂。环境法典的编纂既能对现行的法律法规进行审视和重新梳理,促进生态文明法律体系的完善和现代化,又可以成为我国生态文明建设成果的重要象征。

总之,我们应当努力构建科学完善的法律保障体系来推动我国生态文明建设。

第二节　生态文明严格执法不断强化

生态文明法治保障制度的关键在于严格执法,将立法机关制定的法律不折不扣、全面准确地实施,也就是做到生态文明执法体系健全,执法严格有力。习近平同志指出,"全面推进依法治国,必须坚持严格执法。法律的生命力在于实施。如果有了法律而不实施,或者实施不力,搞得有法不依、执法不严、违法不究,那制定再多法律也无济于事","法律需要人来执行,如果执法的人自己不守法,那法律再好也没用"。自中华人民共和国成立以来,我国的生态文明执法体制机制从无到有,不断改革发展完善,执法水平不断提高,执法越来越严而有力。严格执法日益成为我国生态文明建设的重要推动力。

一、生态文明执法体制机制逐渐清晰和完善

我国的生态文明执法体制机制经历了新中国成立初期的缓慢起步,改革开放以来管理体制和执法机制的逐步清晰,新时代执法制度的日益完善三个重要的历史阶段,每个阶段的执法体制机制都与当时生态文明建设的时代特征紧密联系。在不断的探索、发展和创新过程中,我国生态文明执法体制机制日益健全,严密有力的执法体制机制为我国的生态文明建设提

供了重要的力量来源。

(一)新中国成立初期生态文明执法的缓慢起步

新中国成立初期我国的主要精力集中于社会主义改造、发展经济，进行工业化建设，对环境保护的认识相对滞后，环境保护执法体制机制也迟迟未建立。20 世纪 70 年代初期，受"文化大革命"影响，我国国民经济困难重重，各种环境污染、破坏事件接连发生，我国的环境管理体制和执法体制在这种情况下开始建立。

1971 年，国家计划委员会开始针对工业"三废"污染问题设立"三废"利用领导机构。同年，国家计划委员会成立环境保护办公室，"环境保护"开始出现在中国政府机构中。1973 年，国务院开始召开第一次全国环境保护会议，并讨论通过了《关于保护和改善环境的若干规定(试行草案)》。1974 年 10 月，为了更好地应对环境问题，制定环境保护的方针政策，组织协调和督促检查各地区、各部门的环境保护工作，国务院正式成立环境保护小组。我国第一个专门的环境保护机构就此诞生。这标志着我国环境保护事业迈出了万里长征的第一步，生态文明建设正式有了相应的执法体制机制。

(二)改革开放以来生态文明管理体制和执法机制逐步清晰

改革开放后，为了应对环境保护问题，推进国家环境保护事业的建设发展，我国不断建立健全生态文明管理体制，逐步强化和完善执法机关的职权和职责。

我国生态文明管理体制在这时期大概可以总结为两个阶段：一是管理体制的建立阶段。1982 年，我国在合并国家建委、国务院环境保护领导小组办公室等诸多机构的基础上，组建城乡建设环境保护部，部内设环境保护局。1984 年，国务院成立环境保护委员会，委员会主任由副总理兼任，办事机构设在城乡建设环境保护部，具体由环境保护局代行。同年，城乡建设环境保护部环境保护局改为国家环境保护局,仍归城乡建设环境保护部领导,同时也是国务院环境保护委员会的办事机构。二是管理体制的大跨越发展阶段。随着环境保护事业的不断发展,环境保护工作重要性的日益增加,我国在1988年后不断升级环境保护行政机构行政地位和行政职能。1988年,国家环境保护局从城乡建设部分离,成为国务院直属综合管理环境保护的副部级职能部门,同时也是国务院环境保护委员会的办事机构。1998年,国家环境保护局升格为国家环境保护总局,成为国务院综合管理环境保护的正部级直属机构。2008年,国家环境保护总局升格为国家环境保护部,成为直接参与政府决策的国务院组成部门。经过多次的国家机构改革,我国环境保护行政管理体制中存在的诸如机构设置不合理、职能交叉重复、职能行使不到位等问题逐渐得到解决。

随着生态文明管理体制的健全,生态文明执法机制也得到迅速发展。生态文明行政管理部门积极探索符合中国实际的执法方式,通过环境保护政策和部门规章等方式确立了诸多的环境保护执法制度,如根据法律法规建立"三同时"制度、排污收费制度、环境保护目标责任制、排污许可制、"谁污染,谁治理"制等具有中国特色的严格执法机制。尤其是1989年《环境保护法》颁布和环境保护执法机构执法权升级之后,经过多年发展,我国逐渐构建了预防为主、综合整治、污染治理、损害担责等执法机制,中国特色的环境执法体制机制逐步清晰。

(三)新时代生态文明执法体制机制的日益完善

党的十八大以来,随着我国全面深化改革的推进,尤其是我国生态文明建设进程的加快,我国生态文明执法体制改革得到迅速推进,生态文明体制机制日益完善。

新时代以来我国生态文明执法体制机制改革大概可以概括为两步走:一是对生态文明执法体制机制改革作总体布局。2013年,党的十八届三中全会做出的《中共中央关于全面深化改革若干重大问题的决定》,明确指出要"改革生态环境保护管理体制"。紧接着,2015 年,中共中央、国务院印发《关于加快推进生态文明建设的意见》和《生态文明体制改革总体方案》,提出"强化执法监督"和"完善环境保护管理制度","逐步实行城乡环境保护工作由一个部门进行统一监管和行政执法的体制。有序整合不同领域、不同部门、不同层次的监管力量,建立权威统一的环境执法体制"。

二是在总体布局的指导下开始体制机制改革实践。2018 年,十三届全国人大一次会议通过《国务院机构改革方案》,决定组建生态环境部、自然资源部。新组建的生态环境部,整合了原环境保护部、国家发改委、原国土资源部、水利部、原农业部等部门的相关职责,进一步突出污染防治、生态保护、核与辐射安全三大职能领域,重点强化生态环境制度制定、监测评估、监督执法和督察问责四大职能。新组建的自然资源部整合了原国土资源部、国家发改委、水利部、原农业部、原国家海洋局等部门的相关职责,统一承担全民所有自然资源资产管理、所有国土空间用途管制等职责。同时,生态环境保护综合行政执法改革、省以下生态环境机构监测监察执法垂直管理制度改革已经全面推开,为落实新《环境保护法》建立的综合执法、协同联动、督企督政、公众参与等机制的落实提供了组织保障。此次改革,进一步理顺了生态环境和自然资源资产管理体制机制,使得我国的生态文明执法体制机制日益完善。

二、探索生态文明严格执法之路

我国在探索生态文明严格执法的过程中,始终围绕建立健全生态文明管理体制,努力建设一套严密有力的生态文明执法体制机制,着力打造一支高效依法的行政执法队伍,精心培育多元共治、协同配合的生态文明共建氛围,在不断改革创新中走出了一条中国式生态文明严格执法之路。

(一)生态文明执法的主要特点

总结中华人民共和国成立以来生态文明执法体制的变革,可以发现其具有这样一种总的特点:国家环境执法机关的地位越来越高、职能越来越强、执法方式越来越法治化、执法手段越来越丰富。

第一,生态文明执法机关权力越来越大,管理体制越来越完善。我国生态文明行政管理机关的改革发展史,从某种程度上就是其地位不断上升、职权不断扩大的历史。从一开始的环保办公室到环保局、到国务院直属环保局、到环保总局、到环保部、再到生态环境部,生态文明执法机关在我国行政执法机构中的地位在不断上升。与之相随的是,其行政职权、监管范围和监管职责也不断扩大,从一开始的办事协调机构升级为综合执法机构,到最后成为参与国家政策制定、实施,统一行使生态文明执法的国务院重要组成部门。相应的生态文明管理体系也从一开始的多部门重叠交叉执法,相关管理部门职权不清、管理混乱向综合、统一管理转变,生态文明的管理体制越来越科学合理完善。

第二,从简单的"管、罚、停"向多元化执法转变,执法对象不断扩大。我国生态文明执法一开始只注重对企业进行监管,采取简单的"排污许可"制度,对相关环境污染的企业或个人只是进行罚款或者关停相关企业。然而,随着对生态文明建设认识的加深,生态文明管理体制的改革完善,生态文明执法体制的日益健全,中国开始向多元化执法转变。在实施"管、罚、停"的同时,不断提高环保标准,增加环境污染和破坏主体的各种责任,通过资金、技术、政策等促使相关企业进行技术升级,鼓励企业主动淘汰落后产能,促进整个落后产业进行产业模式转型升级。这种多元化执法从根本上减少和杜绝了环境污染和破坏的源头。同时,执法对象从单纯面向企业,以企业为主向面向企业、一般公民个体、地方政府及其主要负责人转变,尤其是对那些污染企业较多、环境破坏较严重的地方的主要领导进行行政问责,促使他们主动转变思维认知模式,积极推动当地的生态文明建设。

第三,从分别执法向协同配合转变,从单纯的行政执法向多元共治发展。生态文明执法从"条块分明,各管一块"向协同配合、统一执法不断转变。一开始在生态文明执法领域,中央和地方"泾渭分明",中央各部门之间"各自为政"、各自执法,导致执法资源的浪费、执法效率过于低下、执法效果较差。随着整个生态文明执法体制机制的不断改革完善,中央层面的统一管理、统一执法已经确立,省以下生态文明执法机构垂直管理制度也在不断推进,中央各部门之间、中央与地方之间也越来越注重协同配合、共同执法。同时,积极推动单纯依靠行政执法向社会主体共同参与、多元共治转变,从依靠行政力量向不断依靠群众、依靠社会各个主体发展。2014年新修订的《环境保护法》就明确要求,行政执法机关"应当依法公开环境信息、完善公众参与程序,为公民、法人和其他组织参与和监督环境保护提供便利"。

(二)生态文明执法的改革创新经验

我国在生态文明执法体制机制的改革创新过程中取得了许多成果,总结而言,我国的生态文明执法创新经验主要表现为以下三点。

第一,实事求是。根据时代需求不断改革环保管理体制,努力完善生态文明执法机制。我国从20世纪70年代设立环境保护工作办公室以来,随着时代的不断发展,尤其是随着生态文明建设事业的不断发展,相应的环保管理体制也在不断地改革。最为明显的例子是进入新时代以后,随着人民群众对生态环境的要求越来越高,美丽中国建设要求的提高和建设步伐的加快,相应的执法体制也在迅速改革调整。总结40多年的环保体制改革,一条显而易见的经验就是中国时刻践行着实事求是的精神,努力把生态文明建设中遇到的现实问题,通过体制机制的改革完善来解决。在这种不断改革创新的过程中,逐渐建立起一套符合我国客观实际、切合我国生态文明建设情况的执法体制机制。

第二,与时俱进,即执法理念、执法机制和执法形式的日益创新。在改革生态文明管理体制的过程中,不断创新生态文明执法机制。各种具有中国特色的执法体制在实践中不断被创设。执法理念上从传统的"监管为主、以罚代管"向面向企业,努力帮助环境污染企业转变生产方式、升级生产技术,在解决环保问题的同时解决就业、经济、社会等多种问题转变。这种执法理念的创新体现了执法机构的与时俱进。同时,督察制、领导干部负责制、"一票否决制"、异地交叉执法等各种崭新的执法机制、执法方法,都充分说明中国在努力实现生态文明严格执法,为美丽中国建设贡献力量,用日益创新的严格执法来推动"五个文明"协同发展。

第三,综合协调,强调综合执法,鼓励多元共治。无论是生态文明管理体制的改革还是执法体制机制的建立健全,中国都十分重视综合协调性。无论是管理体制的改革,还是生态文明执法体制机制的建立健全,都是综合统筹,从"两个一百年"的目标去着手,相应的执法也是强调综合执法。生态文明执法体制机制的改革创新"牵一发而动全身",必须从全局的高度去思考,只有综合协调,生态文明严格执法才能真正落到实处。同时,依靠群众、发动群众,与社会各主体共同治理、共同推动生态文明建设成为我们的宝贵经验。这些年来,各类环境保护公益组织如雨后春笋般地出现,在监督企业环境污染、配合生态文明行政执法之中发挥重要作用。群众投诉、举报,成为严格生态文明执法的源头活水。据了解,在 2016 年中央环境保护督察中,共受理群众举报 3.3 万件。各执法机构为了鼓励群众参与到生态文明建设中来,还专门出台一些奖励规定,鼓励人民群众检举揭发环境违法行为。

(三)生态文明执法亟待改进之处

我国在生态文明严格执法建设中做出了一系列努力,取得了许多重要的成就,这些都值得我们继续保持和发扬。同时,在生态文明严格执法的过程中,还存在一些亟待改进之处。

第一,相关体制机制保障措施有待细化和完善。原环保部部长李干杰指出,当前我国"生态环境保护执法机构设置和体制保障不够健全、权力制约和监督机制不够完善等突出问题亟待解决"。许多生态文明执法体制机制的保障措施有待进一步细化,生态破坏的惩处措施较少乃至空白,在一些领域执法机构缺乏相应的执法权。执法机构,尤其是基层执法机构的监督制约机制缺位,基层综合执法队伍法律地位有待进一步明确,综合执法权力清单有待界定。

第二,相关责任有待进一步明确和强化。相关党政领导对生态环境保护的主体领导责任有待强化。一些党政领导干部在主观认识上还未树立"生态优先、保护优先""绿水青山就是金山银山"的"绿色"发展理念,在责任落实方面还未将生态环保责任确立为地方党委及政府的责任,而简单地将责任推给生态环境部门,甚至存在干预生态环境执法的问题。另外,对于环境污染与环境破坏事件的主要领导的责任该如何追究,承担哪些责任,相关执法人员该如何追责,如何担责,相关的违法主体应当如何承担相应的行政、民事乃至刑事责任等问题,还有待进一步明确和细化,尤其是党政领导干部相应责任该如何确定和追究需要进一步明确和细化。

第三,是生态文明执法"懒政""乱政"现象有待解决。目前,生态文明执法还存在着执法不作为、执法处罚轻、"以罚代管"、执法舞弊、重复执法等乱象。海南澄迈县一家企业顶风排污,有关部门下达10余个红头文件,明确提出整改时间,相应的执法机构却依然选择忽视。面对一些污染严重的企业,相关执法机构只是简单依照法律进行行政罚款,却没有对企业的后续整改进行监督,乃至以开具罚单的方式进行执法。有些执法人员收受贿赂,成为污染企业"保护伞","猫鼠一家",导致生态环境保护执法失效。有些地方执法机构为了"创收",经常以环保为名,三天两头对达标企业进行检查,不同部门还常以同一名义多次进行相同检查,严重干扰企业的正常生产经营。

第四,执法队伍建设需要跟进。生态文明执法人员队伍数量不足、素质有待提高,工作经费保障不足,执法装备落后等问题有待解决。目前,我国环保执法总共才 8 万人左右,却要担负全国 2000 多万家企业、几十万家规模以上工业企业的环保监管职责,是典型的"小马拉大车",尤其在市县一级人员紧缺,承担监管任务较重问题较为突出。此外,市县一级生态环境执法人员整体素质有待提高,大多数基层执法仍以人工为主,存在粗放、简单化的特点,加上工作经费的缺乏,执法装备较为落后,相应的现代化、信息化、高科技化手段运用不足,难以发现较隐蔽的偷排、偷埋、偷放等环境违法行为。

三、进一步完善生态文明执法的建议

我国生态文明严格执法制度现存的一些问题启示我们,要强化主体责任,不断完善生态文明严格执法的体制机制;推进综合执法,继续创新生态文明执法方式和执法手段;加强队伍建设,持续提升生态文明执法能力和执法水平。

(一)强化主体责任,不断完善生态文明严格执法的体制机制

强化各级党政领导干部生态文明建设的主体责任,夯实相关职能部门的生态环保责任。充分发挥省市县各级党委和政府在生态文明建设的领导职责,尤其要落实组织协调和综合领导责任,通过党政领导干部的全面协调,指导、推动、督促各级部门积极落实中央关于生态文明建设的改革部署。通过"三定"规定明确、细化各职能部门的环保职权和职责,把任务分解落实到有关部门,明确相关职能部门的生态环境保护责任。争取通过明确各级主体责任的方式,推动生态文明执法体制机制的完善。

总结实践经验,创立各种行政执法制度,进一步完善严格执法体制。具体而言,要做好以下几点工作:一是加紧完善相关的法律法规规章,进一步完善相关执法制度。健全基层严格执法的保障制度和责任追究制度,完善污染物排放许可制,建立污染防治区域联动机制,建立农村环境治理体制机制,健全环境信息公开和举报制度,严格实行生态环境损害赔偿制度,

完善环境保护管理制度,完善国家督察、省级巡查、地市检查的环境监督执法机制等。二是制定落实执法清单制度。全面梳理、规范、精简相关的执法事项,制定执法权力清单、责任清单、执法事项清单等各项清单目录,及时向社会公开执法机构的执法依据、执法权限、执法标准和流程、具体监督途径和相应的问责机制。三是规范执法历程,推动生态文明执法全过程的法治化、规范化、科学化和文明化。落实执法全过程记录制度、执法案卷考评制度,建立领导干部违法违规干预环保执法记录和责任追究制度等。

(二)推进综合执法,继续创新生态文明执法方式和执法手段

厘清各个执法机构之间的权力划分,探索综合执法新方式。在中央推进生态文明综合执法体制机制改革的基础上,进一步厘清各职能部门环境监管、执法、处罚等职权的关系,不断减少部门领域监管职能交叉、重复,特定领域无监管的问题。积极探索建立环境监测、污染控制、行政处罚一体的环境联合执法机制,探索建立健全基层生态环保治理体系,构建政府主导、社会组织和公众共同参与的生态环境治理体系,实现政府与社会主体共同治理的生态文明治理新方式。

针对基层实践遇到的问题,不断创新生态文明执法方式和执法手段。强化事后监管、不定期监管,强化跨部门跨领域的协调监管,努力减少"懒政""乱政"问题。尤其要通过执法方式的创新,解决"以罚代管"的问题,通过生态文明严格执法推动企业进行技术升级,转变生产方式。在区县一级探索建立以联席会议协商解决和联合执法等形式,通过部门综合联动,解决民众、企业在生态文明建设中遇到的实际问题。努力实现省以下生态环保执法垂直统一管理,实行异地交叉执法检查,解决地方熟人关系问题和地方保护主义问题。

(三)加强队伍建设,持续提升生态文明执法能力和执法水平

加强执法队伍建设,建设生态文明"铁军"执法队伍,持续提升生态文明执法能力和执法水平。一是整合省级力量,建构省级的生态文明建设统筹协调和监督指导队伍。在中央确定生态文明建设总体方案的基础上,结合本省实际情况,突出本省生态文明建设的重点任务和目标,为基层执法队伍明确方向和工作重点。二是做强基层队伍,为生态文明严格执法提供人才保障。根据实践需要,适当增加执法人员数量,提高执法人员待遇,加强执法人员严格执法的综合保障,努力解决基层执法人员的后顾之忧。不断加强执法人员专业知识、业务能力的培训,提高执法人员依法执法、科学执法、文明执法的水平。探索建立环保警察制度,强化环境违法的监督惩处。三是提高生态文明执法的信息化水平。综合运用大数据、云计算、人工智能等新一代科学技术,通过移动执法、卫星遥感、自动监控等新兴科技监管手段,实时对一些环境污染、破坏严重的地区和企业进行重点监控。加强对大气污染、水污染、重金属污染、PM2.5 等民众重点关注的数据的收集整理和发布,用新兴科技手段及时回应民众关切。加强信用监管,推行生态环境守法积分制度,顺应经济社会发展趋势。

第三节　生态文明公正司法持续落实

生态文明法治保障制度必然要求公正司法。公正司法是生态文明建设的坚强保障,必须通过公正司法筑牢生态文明建设的法律底线。习近平同志指出,"全面推进依法治国,必须坚持公正司法。公正司法是维护社会公平正义的最后一道防线","我们要依法公正对待人民群众的诉求,努力让人民群众在每一个司法案件中都能感受到公平正义,决不能让不公正的审判伤害人民群众感情、损害人民群众权益"。自新中国成立以来,我国在生态文明公正司法建设过程中,从无到有,不断创新发展,在民事、行政、刑事、公益诉讼等多领域逐渐创建了一套具有中国特色的公正司法制度。公正司法逐渐为我国生态文明建设构筑起一道最坚强有力的安全阀门。

一、生态文明司法保障作用日益显现

我国的生态文明公正司法制度经历了改革开放时期的艰难探索和新时代公正司法制度的迅猛发展并日益完善两个重要阶段。在艰难的探索、创新和不断完善过程中，我国的生态文明公正司法制度逐渐完善，公正有力的司法制度为我国生态文明建设提供了坚强的司法保障。

（一）改革开放时期生态文明公正司法制度的艰难探索

新中国成立初期，囿于当时特殊的国情和历史背景，我国的生态文明公正司法制度未能及时建立，环境保护类案件通过正常的司法或者其他途径解决。

改革开放后，我国开始进行环境保护司法专门化的艰难探索。1988年，武汉市中级人民法院拟在其所辖硚口区人民法院设立环保法庭，并于1989年初得到最高人民法院批复，可在人民法院有关审判庭内设立专门审理环保案件的合议庭进行试点。于是，我国第一个环保合议庭在武汉市成立。20世纪90年代中后期开始，哈尔滨、沈阳等市也纷纷设立环保法庭、环保合议庭或环保巡回法庭等，一定程度上解决了环境保护司法的问题。2006年前后这些环保法庭因为各种原因逐渐被上级法院撤销。

2007年，环境保护司法专门化迎来转折和新的发展。2007年11月，为了更好解决当地环境污染、破坏日趋严重的问题，贵州省清镇市人民法院正式成立环保法庭，贵阳市中级人民法院也于同日设立了环境保护审判庭，对环境资源类案件集中审理，从此开启了环境司法专门化的快速发展之路。2008年，无锡市中级人民法院、昆明市中级人民法院也开始成立环保法庭。2010年，最高法在《为加快经济发展方式转变提供司法保障和服务的若干意见》专门指出："在环境保护纠纷案件数量较多的法院可以设立环保法庭，实行环境保护案件专业化审判，提高环境保护司法水平。"此后，全国各级地方法院各种专门的环保法庭、审判庭、合议庭等如雨后春笋般涌现。

各地进行的司法专门化探索在司法体制上是一个很大的创新,打破了传统的民事、行政、刑事三大审判各自分立的模式,创设"三合一"及"三加一"审判模式。同时,司法专门化探索还推动了环境公益诉讼制度的建立与发展。贵阳清镇环保法庭积极探索公益诉讼裁判规则,无锡中院积极探索私益、公益交织案件的审理方式,出台环境公益诉讼的地方性规定,昆明中院探索制定环境公益案件庭审规则和审理程序。总之,改革开放后,我国开始积极探索环境司法专门化的体制机制,推动生态文明公正司法制度的建立健全。

(二)新时代生态文明公正司法制度的迅猛发展和完善

党的十八大以后,我国在生态文明公正司法制度的建设上取得了巨大的成效,环境司法专门化体系逐渐建立健全,环境司法专业化不断开拓发展。

第一,我国的司法专门化体系在短时间内迅速建立健全。2014 年 6月,最高人民法院成立环境资源审判庭,我国的环资审判走上专门化快速发展道路。截至 2018 年 12 月底,全国 31 个省、自治区、直辖市共有环境资源专门审判机构 1271 个,其中环境资源审判庭 391 个,合议庭 808 个,巡回法庭 72 个。257 个基层法院、110 个中级人民法院、23 个高级法院设立了专门环境资源审判庭。专门审判队伍逐渐建成。各级法院加强法官遴选、法官培训,尤其是加强环境资源审判法官的标准化、专业化培训,培养"二合一""三合一"归口审判模式的专业队伍。可以说,我国已经建立了一套从基层法院到最高法院的司法专门化审判体系,在环境资源保护中发挥着重要作用。五年来,各级人民法院共受理各类环境资源一审案件1081111 件,审结 1031443 件,其中受理的各类环境资源刑事一审案件113379 件,各类环境资源民事一审案件 776658 件,各类环境资源行政一审案件 191074 件。

第二,环境司法专门化的各项制度迅速细化完善。2016年以来,最高法单独或者联合最高检陆续出台《最高人民法院关于充分发挥审判职能作用为推进生态文明建设与绿色发展提供司法服务和保障的意见》《关于办理环境污染刑事案件适用法律若干问题的解释》《关于深入学习贯彻习近平生态文明思想为新时代生态环境保护提供司法服务和保障的意见》等司法解释,为各级法院、检察院适用法律审理环境案件提供法律依据。各级法院依据法律、司法解释在环境资源案件管辖、审判规则、审理模式、裁判方式、责任方式和执行方式等进行了一系列探索和创新,形成了一套行之有效的环境案件审理规则。两高还及时公布了一系列环境审判的典型案例,逐渐建立起环境审判案例指导制度,充分发挥司法在生态文明建设中的重要保障作用。

第三,司法专门化制度不断完善的过程,也推进环境公益诉讼制度的快速健全。2015年7月,全国人大常委会做出《关于授权最高人民检察院在部分地区开展公益诉讼试点工作的决定》,为最高检开展环境公益诉讼提供法律依据。2017年修正的《民事诉讼法》《行政诉讼法》正式确立包括环境公益诉讼在内的检察公益诉讼制度。2018年《最高人民法院、最高人民检察院关于检察公益诉讼案件适用法律若干问题的解释》进一步细化、完善检察机关公益诉讼的法律适用问题。2019年最高人民检察院正式成立第八检察厅,专门负责破坏生态环境和资源保护等民事公益诉讼、行政公益诉讼等案件。自2015年新《环境保护法》实施以来,全国法院依法受理社会组织提起的民事公益诉讼案件298件,从2015年7月检察机关提起公益诉讼试点开展以来,依法受理检察公益诉讼案件3964件。公益诉讼制度正日益为我国生态文明建设提供重要的助推力,成为我国生态文明公正司法的重要保障制度。

二、生态文明司法彰显中国特色

我国在推进生态文明公正司法的过程中,建构了一套富有中国特色的生态文明司法制度。我国始终围绕着建立一套环境司法专门化体系,打造一支环境司法专业化队伍,构建一套生态文明公正司法制度而努力,不断推进司法体制机制改革,着力为我国生态文明建设筑牢安全阀门,守住法律底线。

(一)生态文明司法的主要特点

总结改革开放以来我国生态文明司法体制机制的变革,可以发现,我们的生态文明公正司法具有十分明显的中国特征。具体而言,有以下几点。

第一,生态文明司法专门化和专业化在探索中创新发展。改革开放以来,尤其是进入新时代以来,我国的环境司法专门审判机构数量增长迅速,专门审判队伍不断壮大。环境资源类司法案件数量大幅增长,无论是民事、行政、刑事还是公益诉讼类案件近些年都大量增加,司法诉讼成为解决环境资源纠纷的重要途径。环境资源案件归口审理、跨行政区划集中管辖范围不断扩大。经过努力,我国目前基本形成生态文明司法专门化体系。同时,我国的生态文明司法的专业化程度也在不断拓展。最高法、最高检关于环境资源的司法解释呈现鲜明的"跨界"特征,从生态环境本身的特性着手,对相关案件的法律适用加入更多"绿色"考量因素。环境刑事案件体现"严格保护"理念,环境民事案件细化裁判规则注重保护生态利益,环境行政案件更加注重生态环境保护实质审查。

第二,创设各种诉讼模式和审理制度机制。在生态文明公正司法过程中,根据实际情况创设各种崭新的诉讼模式。如探索建立并完善侵权诉讼和环境公益诉讼、生态环境损害赔偿诉讼并行、专门化与专业化交织的"3+2"诉讼模式。建立健全环境审判程序和审判规则,如通过最高法发布司法解释不断明确环境审判程序规则,探索建立生态环境损害赔偿案件审理规则。建立并不断完善环境审判机制,如建立和完善环境资源司法与执法联动工作机制,探索构建行政执法与刑事司法相互衔接、相互配合的工作机制；建立环境资源典型案例指导制度，最高法适时发布环境资源类典型案例，对全国各级地方法院环境审判案件进行指导。另外，司法机关还根据实际创设了环境侦查制度、环境检察制度、纠纷多元化解制度、环境法律服务制度、综合协调解决制度等多种环境司法制度。

第三，公益诉讼制度建设从无到有并日益完善。在生态文明公正司法的发展过程中，我国从实际出发创设了一套符合中国实际的公益诉讼制度。自从 2015 年我国正式确立环境公益诉讼以来，我国的环境民事、刑事和行政公益诉讼制度都体现出明显的中国特色。环境民事公益诉讼突出"生态修复优先"的生态理念，确立以恢复性责任为首的多种责任承担方式，确立并逐渐统一案件损害额，并探索确立"惩罚性赔偿"制度。环境刑事附带民事公益诉讼不断探索完善，诉讼主体、级别管辖、审理程序等规定日益完善。环境行政公益诉讼突出强调督促环境资源行政机关履行职责的功能，对行政机关及时履行保护环境资源职责具有明显的增强作用。

（二）生态文明司法的创新经验

我国在生态文明公正司法制度建设过程中，以问题为导向，结合司法实践的客观实际，充分发挥司法的积极能动性，积累了许多宝贵的创新经验。

第一，以问题为导向：创建专门法庭，从审判为主到多元化解决。我国司法工作人员在处理环境资源类案件过程中，针对环境资源案件的特殊性、复杂性、专业性和影响广泛性等突出问题，努力整合司法资源，创建专门的环境法庭、合议庭、巡回法庭等，集中专业司法人员来专门解决环境保护案件，对环境资源的依法保护起到了很好的效果。考虑到司法人员、精力、经费等各方面的局限性，我国在努力通过司法人员审判解决环境纠纷的同时，努力引入环境专业的人民陪审员提供专业支持，建立诉讼调解衔接、诉讼处罚衔接机制，行政调解、人民调解等诉讼替代机制，着力构建以审判为主、多元化解决协调并行的公正司法制度。

　　第二,结合实践:从地方试验到全国推广,从私益诉讼到三诉同行。我国从 2007 年环境保护司法专门法庭的建立到 2014 年最高法环境资源审判庭的成立,从 2015 年检察公益诉讼试点到 2019 年最高检专门负责包括环境公益诉讼在内的第八检察厅的确立,检察公益诉讼制度在全国的正式实施,都体现了我国环境司法制度先是地方试点再总结经验后全国推广的谨慎创新精神。环境诉讼从一开始的以民事私益诉讼为主,不断发展到环境民事诉讼、刑事诉讼和公益诉讼三类诉讼并行。同时,在环境司法案件的处理过程中,积极鼓励民众和社会组织参与,社会组织公益诉讼的主体从无到有,并发展到如今的几百个适格主体。这正是司法人员结合环境司法实践的客观情况而不断努力创新的结果。

　　第三,发挥主观能动性:充分发挥司法的能动作用。我国生态文明公正司法制度的建立健全过程本身就是司法人员充分发挥主观能动性,发挥司法能动作用的过程。其中,有两个制度的建立最能体现司法的能动作用。一是公益诉讼制度的建立健全。目前,公益诉讼制度已经在我国环境保护中发挥着十分重要的作用,对环境污染、环境破坏问题的解决具有明显的正面价值。这都得益于司法界创造性地引入民众和社会组织力量,检察院努力发挥检察机关在公益诉讼中的积极作用。二是环境保护典型案例指导制度的确立。无论是最高法还是最高检,都不断适时地将全国各地的环境民事、刑事、公益诉讼等类型的典型案例公布,不仅为全国各地法院、检察院办理环境案件提供了很好的指导作用,也对社会起到很好的引导和教育作用。如泰州"天价环境污染案例"的公布,对环境污染、破坏企业和个人起到了很好的警示教育效果。

(三)生态文明司法有待解决的问题

　　我国在生态文明公正司法制度建设方面取得了许多成果,有着不少的创新经验,这些都值得我们继续保持和发扬。同时,在生态文明司法制度建设过程中还存在一些问题,值得我们注意。

第一,生态文明公正司法的法律依据问题。生态文明公正司法制度的建立已经有着较为完备的法律依据。不过,环境司法专门化的理论依据、理论逻辑有待进一步明确。如何将生态文明建设公正司法的政治要求转变为具体的法律制度、法律逻辑需要我们进一步研究解决,尤其是许多具体的司法制度建设的法理基础,在现实中的法律依据、该制度自身的逻辑是否自洽,是否与整个司法体系机制相协调等问题需要我们进一步研究。

第二,生态文明公正司法的人才队伍建设的问题。我国虽然建立了专门的环境法庭、审判庭,但相应的专业人才还是比较欠缺,尤其是我国司法工作者绝大多数都是人文社科领域出身,对于许多环境问题的技术性、专业性和复杂性缺乏相应的了解,如何解决这一不足值得研究。另外,环境司法鉴定难题该如何解决,环境资源的专业辅助人员如何培养、现有人员素质如何提升,人才梯队、学科如何建设等关乎整个环境司法的人才队伍建设的问题都有待进一步解决。

第三,环境司法诉讼制度的衔接问题。目前,环境刑事诉讼与环境民事公益诉讼的衔接、环境刑事诉讼与生态损害赔偿诉讼的衔接之间缺乏具体的法律安排和相应的法律标准,环境行政案件与民事案件并案处理的规则有待建立完善,三大诉讼法之间在理论、裁判程序、裁判规则、具体履行等方面的差异该如何协调、衔接仍有待研究。环境诉讼与行政处罚、调解之间的制度该如何协调、衔接,以审判为主的多元化解决机制的具体操作规则等有待解决。

第四,环境公益诉讼规则的完善问题。环境公益诉讼,尤其是检察机关行使行政公益诉讼职责时的许多规则有待完善。如应当如何认定行政人员的怠于履行职责问题,各个职能部门职责交叉时如何协调处理的问题,检察建议如何落实以及行政机关落实不到位如何追责的问题,检察人员如何转变传统起诉思路,及时有效提起环境公益诉讼的问题。另外,公益诉讼在法检审级对应与管辖、起诉期限、举证责任与证据标准、诉前程序如何适用证据保全规定等方面缺乏配套机制。

三、提升生态文明司法专业化水平

针对我国生态文明司法存在的一些问题,我们需要不断提升司法专门化和专业化水平,继续支持和完善公益诉讼制度建设,持续发挥司法在生态文明建设中的积极促进作用。

(一)不断提升司法专门化和专业化水平

我们需要不断提升司法专门化和专业化水平,具体而言,需要继续做好以下几点工作。

第一,继续提升司法专门审判能力。尽快全面设立环境资源法庭,中级以上法院仍未设立专门法庭的应当赶快设立;加强专门审判队伍的建设,尤其是要形成科学合理的人才梯队;在有条件的地方试点设立环境资源法院,推进其他环境司法机构的专门化建设,持续推动环境司法专门化体系的完善。

第二,促进环境司法相关制度的完善。不断完善环境资源案件审判规则,尤其要完善环境资源案件的实体性规则、程序性规则,尽快完善环境资源民事、刑事、行政、公益诉讼不同类型案件的案件管辖制度、制裁规则和裁判标准,落实裁判责任制和专家陪审员制度。完善环境资源民事责任、行政责任、刑事责任等责任履行和追究制度,尤其是完善"修复生态环境"责任制度。完善环境审判信息公开制度、生态环境损害赔偿制度、典型案件指导制度。建立健全不同类型案件的衔接制度。

第三,推动环境司法工作机制的建立健全。继续推动司法工作机制改革,厘清司法部门内部运行机制,完善司法专门人员的工作保障制度,为环境司法提供更为科学合理的工作条件和工作氛围。进一步完善司法与行政联动工作机制,促进司法与行政执法的有效衔接和互相配合。

(二)继续支持和完善环境公益诉讼制度建设

我国在环境公益诉讼制度的创设上积累了宝贵的经验,有许多独到的做法。因此,我们应当继续支持和完善环境公益诉讼制度建设,重点做好以下三点工作。

第一,继续完善环境公益案件的诉讼规则。可以根据客观实际从宽认定原告的资格问题,探索建立实质性的环境公益"二合一"或"三合一"诉讼。完善公益诉讼的案件管辖制度,尤其是可以结合环境案件本身特性,采取异地管辖、跨区域管辖、集中管辖等多种案件管辖制度。继续完善环境公益案件的责任承担方式,可以根据情况采用有利于环境恢复、保护环境的多种责任承担方式。

第二,继续完善检察机关环境公益诉讼制度。继续深化检察机关公益诉讼的职能分工,突出环境公益诉讼重点,做到"抓大放小"。细化监督分类,对于行政公益诉讼,要加强对行政部门的检察建议和检查监督意见。加强制度相接,建立环境案件信息通报制度,尤其加强与行政部门的沟通,形成检察机关与行政执法的良性互动。进一步加强检察公益诉讼队伍建设,完善检察公益诉讼的相关配套制度。

第三,继续完善民众、社会组织参与环境公益诉讼制度。要广泛宣传,达成全社会积极参与、保护环境公益的共识。畅通反映、举报、检举揭发渠道,积极鼓励民众、社会组织等适格主体向法院提起公益诉讼,向行政机关、检察院提供环境污染与环境破坏的线索和相关信息。探索建立环境违法举报奖励机制,通过社会力量来促进环境公益诉讼制度的不断完善。

(三)持续发挥司法在生态文明建设中的积极促进作用

我国司法机关充分发挥司法能动性,司法在生态文明建设中的积极作用十分明显。因此,我们要继续保持和发挥司法在生态文明建设的积极能动作用。

第一,进一步发挥环境典型案例的指导警示作用。我们不仅要完善环境典型案例指导制度,更要通过这一套制度达成警示作用。因此,司法机关应当更加积极主动,精选典型案例(见表5-4、表5-5、表5-6、表5-7),创新传播方式,以案说法,以案释法,使得这些环境资源的典型案例得到最大规模的传播和宣传,借此来警示和震慑环境资源违法者,营造社会保护环境的良好氛围。

第二,进一步引导并鼓励民众、社会组织等参与到环境纠纷的处理中,弥补司法力量的不足。囿于人员、资金、精力等限制,司法在环境资源纠纷的处理过程存在明显不足。因此,除了鼓励民众关注环境公益诉讼案件,司法机关应当鼓励民众在环境违法行为、执法机关环境执法不作为、乱作为等方面进行监督,通过民众和整个社会的力量来推动生态文明公正司法制度的不断健全和高效运行。

表5-4　十大环境公益诉讼典型案例

序号	案件名称
1	江苏省泰州市环保联合会诉泰兴锦汇化工有限公司等水污染民事公益诉讼案
2	中国生物多样性保护与绿色发展基金会诉宁夏瑞泰科技股份有限公司等腾格里沙漠污染系列民事公益诉讼案
3	中华环保联合会诉山东德州晶华集团振华有限公司大气污染民事公益诉讼案
4	重庆市绿色志愿者联合会诉湖北恩施自治州建始磺厂坪矿业有限责任公司水库污染民事公益诉讼案
5	中华环保联合会诉江苏江阴长泾梁平生猪专业合作社等养殖污染民事公益诉讼案
6	北京市朝阳区自然之友环境研究所诉山东金岭化工股份有限公司大气污染民事公益诉讼案
7	江苏省镇江市生态环境公益保护协会诉江苏优立光学眼镜公司固体废物污染民事公益诉讼案
8	江苏省徐州市人民检察院诉徐州市鸿顺造纸有限公司水污染民事公益诉讼案

续表

序号	案件名称
9	贵州省六盘水市六枝特区人民检察院诉贵州省镇宁布依族苗族自治县丁旗镇人民政府环境行政公益诉讼案
10	吉林省白山市人民检察院诉白山市江源区卫生和计划生育局、白山市江源区中医院环境行政附带民事公益诉讼案

表5-5　环境资源刑事、民事、行政十大典型案例

序号	案件名称
1	宁夏回族自治区中卫市沙坡头区人民检察院诉宁夏明盛染化有限公司、廉兴中污染环境案
2	江苏省连云港市连云区人民检察院诉尹宝山等人非法捕捞水产品刑事附带民事诉讼案
3	湖南省岳阳市岳阳楼区人民检察院诉何建强等非法杀害珍贵、濒危野生动物罪、非法狩猎罪刑事附带民事诉讼案
4	吕金奎等79人诉山海关船舶重工有限责任公司海上污染损害责任纠纷案
5	倪旭龙诉丹东海洋红风力发电有限责任公司环境污染侵权纠纷案
6	江西星光现代生态农业发展有限公司诉江西鹰鹏化工有限公司大气污染责任纠纷案
7	中华环保联合会诉谭耀洪、方运双环境污染民事公益诉讼案
8	邓仕迎诉广西永凯糖纸有限责任公司等六企业通海水域污染损害责任纠纷案
9	海南桑德水务有限公司诉海南省儋州市生态环境保护局环保行政处罚案
10	陈德龙诉成都市成华区环境保护局环保行政处罚案

表5-6　人民法院服务保障新时代生态文明建设十大典型案例

序号	案件名称
1	被告单位德司达(南京)染料有限公司、被告人王占荣等污染环境案
2	被告人梁理德、梁特明非法采矿案
3	被告人白加碧失火案
4	山东省烟台市人民检察院诉王振殿、马群凯环境污染民事公益诉讼案
5	重庆市长寿区珍心鲜农业开发有限公司诉中盐重庆长寿盐化有限公司、四川盐业地质钻井大队环境污染责任纠纷案

序号	案件名称
6	山西京海实业有限公司等诉莱芜钢铁集团莱芜矿业有限公司股权转让纠纷案
7	贵州省清镇市流长苗族乡人民政府诉黄启发等确认合同无效纠纷案
8	陈永荣等诉南宁振宁开发有限责任公司噪音污染损害赔偿纠纷案
9	湖北省宜昌市西陵区人民检察院诉湖北省利川市林业局不履行法定职责行政公益诉讼案
10	李兆军诉浙江省绍兴市上虞区环境保护局行政处罚案

表 5-7　检察公益诉讼十大典型案例

序号	案件名称	基本案情
1	重庆市石柱县水磨溪湿地自然保护区生态环境保护公益诉讼案	重庆市石柱县西沱工业园区与水磨溪湿地自然保护区存在重叠,对湿地生态环境造成破坏。重庆市检察院检察长亲自承办该案,并到石柱县政府现场送达和宣告检察建议书,提出修复整改的具体要求
2	湖北省黄石市磁湖风景区生态环境保护公益诉讼案	居民在磁湖风景区搭建、养殖等行为持续 14 年未被有效制止,破坏了风景区生态环境。黄石市国土局和下陆区城管局主动请求检察机关通过行政公益诉讼介入。检察建议发出后,五家行政机关召开联席会议,制定联合执法行动,存续 14 年之久的难题终被解决
3	北京市海淀区网络餐饮服务第三方平台食品安全公益诉讼案	入网餐饮服务提供者违法经营、网络餐饮服务第三方平台管理制度不严格、行政机关对网络平台监管不到位。检察机关通过发挥公益诉讼职能作用,督促行政机关依法履职,有效净化了网络餐饮环境
4	宁夏回族自治区中宁县校园周边食品安全公益诉讼案	中小学校附近商店内存在销售三无产品、未办理食品经营许可证、部分商店经营者未办理健康证或健康证过期等情况。检察机关通过公益诉讼诉前程序督促市场监督管理局对校园及其周边食品安全履行监督管理职责
5	福建省闽侯县食用油虚假非转基因标识公益诉讼案	闽侯县域内四家食用调和油生产商存在偷工减料、非基因虚假标识的现象,检察机关通过行政公益诉讼工作,督促监管部门依法履职,促成问题整改

续表

序号	案件名称	基本案情
6	湖南省湘阴县虚假医药广告整治公益诉讼案	湘阴县电视台自 2017 年以来持续播放虚假药品广告,检察机关通过发挥公益诉讼监督职能,有力整治了医药用品虚假宣传,也有效防止了行政部门监管缺位现象的发生
7	浙江省宁波市"骚扰电话"整治公益诉讼案	宁波市广告推销电话数量多、频度高,干扰了广大人民群众日常的工作和生活,影响了急救等特种服务电话的正常使用。检察机关通过调查取证,及时对通信管理部门发出检察建议,对这一现象进行打击遏制,起到了良好效果
8	辽宁省丹东市振兴区人民检察院诉丹东市国土资源局不依法追缴国有土地出让金行政公益诉讼案	丹东市俊达房地产公司未依法缴纳土地出让金,国土资源局也未依法收缴。在检察建议无效的情况下,检察机关提起行政公益诉讼,请求判令行政机关依法履职,得到了法院的支持
9	江西省赣州市人民检察院诉郭某某等人生产、销售硫磺熏制辣椒民事公益诉讼案	郭某采用添加剂硫磺熏制辣椒,超过国家标准上限 20 多倍。检察机关在履行公告程序后,依法向人民法院提起民事公益诉讼,要求侵权人承担侵权责任,同时主张惩罚性赔偿。法院支持了检察机关诉讼请求
10	安徽省芜湖市镜湖区检察院诉李某等人跨省倾倒固体废物刑事附带民事公益诉讼案	工业污泥跨省非法转移和处置,造成长江生态环境严重污染。检察机关运用刑事附带民事公益诉讼的方式,督促刑事被告人及相关公司履行治理、赔偿等义务,促进生态环境的及时修复

参考文献

[1]本报评论员.推进落实健全自然资源资产产权制度[N].中国自然资源报,2019-02-19.

[2]本刊编辑部.落实生态赔偿:筑牢损害追责制度"笼子"[J].环境保护,2017(24):2.

[3]曹俊.生物多样性保护 中国贡献有多大?[J].中国生态文明,2019(2):15-23.

[4]曹林杰.我国环境损害鉴定评估制度研究[D].开封:河南大学,2019.

[5]常纪文.中央生态环境保护督察的历史贡献、现实转型与改革建议[J].党政研究,2019(6):5-12.

[6]陈彬,俞炜炜,陈光程,等.滨海湿地生态修复若干问题探讨[J].应用海洋学学报,2019(4):464-473.

[7]褚宗明.全面实施领导干部自然资源资产离任审计[J].群众,2018(9):61-62.

[8]戴鹏.青海省绿色发展水平评价体系研究[J].青海社会科学,2015(3):170-177.

[9]丰爱平,刘建辉.海洋生态保护修复的若干思考[J].中国土地,2019(2):30-32.

[10]封琳.领导干部自然资源资产离任审计工作的探讨[J].中国经贸,

2017(10):258.

[11]封志明,杨艳昭,李鹏.从自然资源核算到自然资源资产负债表编制[J].中国科学院院刊,2014(4):449-456.

[12]付伟,罗明灿,陈澄.绿色经济与绿色发展评价综述[J].西南林业大学学报(社会科学版),2017(4):25-30.

[13]戈华清.海洋生态保护红线的价值定位与功能选择[J].生态经济,2018(12):178-183.

[14]耿国彪.把所有天然林都保护起来 夯实建设美丽中国的根基——访国家林业和草原局副局长李树铭[J].绿色中国,2019(15):24-29.

[15]耿建新.我国自然资源资产负债表的编制与运用探讨——基于自然资源资产离任审计的角度[J].中国内部审计,2014(9):15-22.

[16]谷树忠.关于自然资源资产产权制度建设的思考[J].中国土地,2019(6):4-7.

[17]郭士辉.环资审判:护航美丽中国新征程[EB/OL].(2019-09-26).http://courtapp.chinacourt.org/fabu-xiangqing-187141.html.

[18]郭旭.领导干部自然资源资产离任审计实践探索及对策建议[J].审计与理财,2017(4):12-15.

[19]国务院关于实行最严格水资源管理制度的意见[EB/OL].(2012-02-16).http://www.gov.cn/zwgk/2012-02/16/content_2067664.htm.

[20]韩美丽,李俊莉,邰鹏飞,等.山东省绿色发展水平评价及区域差异分析[J].曲阜师范大学学报(自然科学版),2014(2):95-100.

[21]郝庆,邓玲,封志明.国土空间规划中的承载力反思:概念、理论与实践[J].自然资源学报,2019(10):2073-2086.

[22]侯雪璟.环境损害鉴定评估制度研究——以京津冀区域为例[D].保定:河北大学,2017.

[23]胡书芳.浙江省制造业绿色发展评价及绿色转型研究[J].中国商论,

2016(16):139-142.

[24]湖北省审计厅课题组,张永祥,别必爱.对领导干部实行自然资源资产离任审计研究[J].审计月刊,2014(12):4-7.

[25]环境保护部关于印发《"十二五"全国环境保护法规和环境经济政策建设规划》的通知[EB/OL].http://www.gov.cn/gongbao/content/2012/content_2131983.htm.

[26]黄和平,伍世安,智颖飙.基于生态效率的资源环境绩效动态评估——以江西省为例[J].资源科学,2010(5):138-145.

[27]黄林楠.领导干部自然资源资产离任审计案例研究[D].武汉:华中科技大学,2018.

[28]黄征学,黄凌翔.国土空间规划演进的逻辑[J].公共管理与政策评论,2019(6):40-49.

[29]激发土地要素红利不断释放[EB/OL].(2018-06-26).http://www.gov.cn/zhengce/2018-06/26/content_5301239.htm.

[30]坚持公正司法,努力让人民群众在每一个司法案件中都能感受到公平正义[EB/OL].(2015-05-11).http://theory.people.com.cn/n/2015/0511/c396001-26981416.html.

[31]坚持在探索中前进 更好维护公共利益和国家利益——全国政协"协同推进公益诉讼检察工作"双周协商座谈会发言摘登[EB/OL].(2019-11-26).http://www.cppcc.gov.cn/zxww/2019/11/26/ARTI1574727257479145.shtml.

[32]焦志倩,王红瑞,许新宜,等.自然资源资产负债表编制设计及应用Ⅰ:设计[J].自然资源学报,2018(10):1706-1714.

[33]黎洁.党政领导干部自然资源资产损害责任追究机制优化研究[D].湘潭:湘潭大学,2018.

[34]黎祖交.生态文明关键词[M].北京:中国林业出版社,2018.

[35]李丰杉,成思思,杨世忠.区域自然资源资产负债表编制研究[J].经济与管理研究,2017(4):124-132.

[36]李干杰.环评与排污许可制度改革述评[N].中国环境报,2020-01-03.

[37]李干杰.深入推进生态环境保护综合行政执法改革 为打好污染防治攻坚战保驾护航[N].人民日报,2019-03-20.

[38]李琳,楚紫穗.我国区域产业绿色发展指数评价及动态比较[J].经济问题探索,2015(1):68-75.

[39]李庆瑞:深化"生命共同体"理念 推进生态文明建设[EB/OL].(2019-01-21).http://stzg.china.com.cn / 2019-01/21/content_40648495.htm.

[40]李晓璇,刘大海,刘芳明.海洋生态补偿概念内涵研究与制度设计[J].海洋环境科学,2016(6):948-953.

[41]李志坚,耿建新,肖承明.土地资源资产负债表编制的实践探索——以宁夏永宁县为例[J].北方民族大学学报(哲学社会科学版),2017(3):142-144.

[42]理清自然资源统一确权登记工作思路[EB/OL].(2019-08-10).http://aoc.ouc.edu.cn/2019/0808/c9824a254616/page.htm.

[43]梁雄伟.基于自然资源统一管理的广东省海岸带生态修复[J].海洋开发与管理,2019(6):33-38.

[44]刘驰.环境损害评估制度研究[D].长沙:湖南师范大学,2016.

[45]刘纪远,邓祥征,刘卫东,等.中国西部绿色发展概念框架[J].中国人口·资源与环境,2013(10):1-7.

[46]卢银桃,甄峰,蒋跃庭.城市边缘地区转移工业的绿色发展评价研究——以秦皇岛为例[J].河北师范大学学报(自然科学版),2010(5):609-615.

[47]吕忠梅,等.中国环境司法发展报告(2017—2018)[M].北京:人民法院出版社,2019.

[48]吕忠梅,吴一冉.中国环境法治七十年:从历史走向未来[J].中国法律评论,2019(5):102-123.

[49]吕忠梅.中国生态法治建设的路线图[J].中国社会科学,2013(5):17-22.

[50]罗宾,唐洋.自然资源资产负债表的编制内容及方法研究[J].经济研究参考,2017(71):60-64.

[51]罗国三.全面贯彻落实习近平总书记重要讲话精神 推动长江经济带高质量发展[N].中国经济导报,2019-08-07.

[52]罗建武,全占军.如何强化对自然保护区的保护和管理[N].光明日报,2019-01-05.

[53]马志帅,许建.安徽省绿色发展水平评价体系初步研究[J].安徽农业大学学报,2019(2):300-306.

[54]2018 年中国海洋生态环境状况公报[EB/OL].（2019-05-29）.https://hbdc.mee.gov.cn/hjyw/201905/t20190529_704849.shtml.

[55]欧阳志云,赵娟娟,桂振华,等.中国城市的绿色发展评价[J].中国人口·资源与环境,2009(5):11-15.

[56]全国干部培训教材编审指导委员会.推进生态文明 建设美丽中国[M].北京:人民出版社、党建读物出版社,2019.

[57]《全国国土规划纲要（2016—2030 年）》政策解读[EB/OL].(2017-07-31).https://www.tuliu.com/read-59730.html.

[58]人民法院服务保障新时代生态文明建设典型案例[EB/OL].(2018-06-04).http://www.court.gov.cn/zixun-xiangqing-99812.html.

[59]任勇.关于习近平生态文明思想的理论与制度创新问题的探讨[J].中国环境管理,2019(4):11-16.

[60]佘亦昕.生态损害评估制度法律问题研究[D].昆明:昆明理工大学,2018.

[61]生态环境部.长江保护修复攻坚战行动计划[EB/OL].(2019-01-28). http://www.h2o-china.com/news/view?id=286844&page=1.

[62]孙佑海.如何使环境法治真正管用——我国环境法治40年回顾和建议[J].环境教育,2013(8):46-49.

[63]孙佑海.我国70年环境立法:回顾、反思与展望[J].中国环境管理,2019(6):5-10.

[64]唐芳林,王梦君,孙鸿雁.自然保护地管理体制的改革路径[J].林业建设,2019(2):1-5.

[65]唐芳林.中国特色国家公园体制特征分析[J].林业建设,2019(4):1-7.

[66]陶蕾.论生态制度文明建设的路径:以近40年中国环境法治发展的回顾与反思为基点[M].南京:南京大学出版社,2014.

[67]汪劲.我国环保法庭建设面临的问题与对策[J].环境保护,2014(16):14-17.

[68]王鹏,张连杰,闫吉顺,等.辽宁省海洋生态修复现状、存在的问题及对策建议[J].海洋开发与管理,2019(7):49-52.

[69]王夏晖,何军,饶胜,等.山水林田湖草生态保护修复思路与实践[J].环境保护,2018(Z1):17-20.

[70]王艳芳,李亮国.生态文明视角下环境损害责任终身追究制探析[J].学习论坛,2015(7):75-77.

[71]王永莉.西部民族地区生态文明建设问题探析[J].民族学刊,2017(1):22-31.

[72]王昀.基于生态文明视角的资源环境审计实现路径[J].现代审计与经济,2015(5):10-11.

[73]吴晓青,王国钢,都晓岩,等.大陆海岸自然岸线保护与管理对策探析——以山东省为例[J].海洋开发与管理,2017(3):29-32.

［74］习近平：保护黄河是千秋大计，加强黄河流域生态保护和治理［EB/
OL］．（2019-09-19）．http：//www. h2o-china. com/news/296599.
html.

［75］习近平. 关于《中共中央关于全面深化改革若干重大问题的决定》的说
明［EB/OL］．（2013-11-09）．http：//cpc. people. com. cn/xuexi/n/
2015/0720/c397563-27331312. html.

［76］习近平谈法治政府：坚决克服政府职能错位、越位、缺位［EB/OL］.
（2015-05-13）．http：//cpc. people. com. cn/xuexi/n/2015/0513/
c385475-26993298. html.

［77］习近平在河南主持召开黄河流域生态保护和高质量发展座谈会时强
调 共同抓好大保护 协同推进大治理 让黄河成为造福人民的幸福河
［J］.中国环境监察，2019(9):8-11.

［78］习近平. 在十八届中央政治局第四次集体学习时的讲话［EB/OL］.
(2013-02-23). http：//cpc. people. com. cn/xuexi/n/2015/0512/c385474-
26985149. html? from＝singlemessage.

［79］习近平. 在首都各界纪念现行宪法公布施行 30 周年大会上的讲话
［EB/OL］．（2012-12-04）．http：//www. xinhuanet. com/politics/
2012-12/04/c_113907206. htm.

［80］郄建荣. 中央环保督察受理举报 3.3 万件 加大媒体跟进力度［EB/
OL］．（2017-04-28）．https：//www. chinanews. com/gn/2017/04-28/
8211020. shtml.

［81］肖金成，杨开忠，安树伟，等. 国家空间规划体系的构建与优化［J］.区
域经济评论，2018(5):1-9.

［82］徐渤海. 中国环境经济核算体系(CSEEA)研究［D］. 北京：中国社会科
学院，2012.

［83］杨积平. 浅谈领导干部自然资源资产审计面临的困难及对策［J］.西部

财会,2018(1):68-70.

[84]杨锐.在自然保护地体系下建立国家公园体制的建议[J].瞭望.2014(29):28-29.

[85]杨艳昭,封志明,闫慧敏,等.自然资源资产负债表编制的"承德模式"[J].资源科学,2017(9):1646-1657.

[86]姚霖.论自然资源资产负债表的理论范式及其资产、负债账户[J].财会月刊,2017(25):10-14.

[87]姚念璞.准确把握自然资源资产离任审计与经济责任审计的相互关系[J].经济研究导刊,2019(16):91-92.

[88]叶有华,杨智中,李思怡,等.生物入侵对自然资源资产的影响及其在自然资源资产负债表编制中的应用[J].生态环境学报,2020(12):2465-2472.

[89]袁一仁,成金华,陈从喜.中国自然资源管理体制改革:历史脉络、时代要求与实践路径[J].学习与实践,2019(9):5-13.

[90]战艺璇.林业生态环境损害责任追究制度研究[D].哈尔滨:东北林业大学,2019.

[91]张建龙.国家公园建设的新进展新举措[N].人民政协报,2019-03-12.

[92]张攀攀.武汉绿色发展的综合评价与路径研究[D].武汉:湖北工业大学,2016.

[93]张卫民.自然资源负债的界定和确认——兼论自然资源核算的国际惯例与中国需求[J].南京林业大学学报(人文社会科学版),2018(3):51-57,66.

[94]张宇,王圣殿,王依,等.对加快推进我国矿山生态修复的思考[J].中国环境管理,2019(5):42-46.

[95]张志卫,刘志军,刘建辉.我国海洋生态保护修复的关键问题和攻坚方向[J].海洋开发与管理,2018(10):26-30.

[96]郑红霞,王毅,黄宝荣.绿色发展评价指标体系研究综述[J].工业技术经济,2013(2):144-154.

[97]中共中央办公厅 国务院办公厅印发《领导干部自然资源资产离任审计规定(试行)》[EB/OL].(2017-11-28).http://www.gov.cn/xinwen/2017-11/28/content_5242955.htm.

[98]中共中央办公厅 国务院办公厅印发《生态文明建设目标评价考核办法》[EB/OL].(2016-12-22).http://www.gov.cn/xinwen/2016-12/22/content_5151555.htm.

[99]中共中央 国务院关于加快推进生态文明建设的意见[EB/OL].(2015-05-05).http://www.gov.cn/gongbao/content/2015/content_2864050.htm.

[100]中共中央文献研究室.习近平关于社会主义生态文明建设论述摘编[M].北京:中央文献出版社,2017.

[101]钟林生:我国国家公园体制试点进展与全国布局探讨[EB/OL].(2019-09-23).https://www.sohu.com/a/342802924_124717.

[102]周一春,郭一瑰."新常态"下的自然资源资产离任审计难点与对策[J].商,2015(19):152.

[103]最高法公布环境资源刑事、民事、行政典型案例[EB/OL].(2017-06-22).https://www.chinacourt.org/article/detail/2017/06/id/2900895.shtml.

[104]最高检通报2018年检察公益诉讼工作情况[EB/OL].(2018-12-25).https://www.spp.gov.cn/spp/zgrmjcyxwfbh/zgjtbjnjcgyssqk/index.shtml.

[105]最高人民法院发布环境公益诉讼典型案例[EB/OL].(2017-03-07).http://www.xinhuanet.com//legal/2017-03/07/c_129503217.htm.

后　记

　　制度是党和国家事业发展的根本性、全局性、稳定性和长期性命,而国家治理体系和治理能力是一个国家制度和制度执行能力的集中体现。党的十八大以来中国共产党将生态文明制度建设作为中国特色社会主义制度建设的一项重要内容和不可分割的有机组成部分。党的十八大报告把生态文明建设纳入"五位一体"总体布局。党的十八届三中全会要求加快建立系统完整的生态文明制度体系。党的十八届四中全会提出用严格的法律制度保护生态环境。党的十八届五中全会确立了包括绿色发展在内的新发展理念,提出完善生态文明制度体系。党的十九大报告指出,加快生态文明体制改革,建设美丽中国。党的十九届四中全会提出推进国家治理体系治理能力现代化。党的十九届五中全会倡导形成绿色生产生活方式,碳排放达峰后稳中有降,生态环境根本好转,美丽中国建设目标基本实现。

　　我对我国生态文明制度建设的关注始于党的十八大,深入研究是在党的十八届三中全会之后。研究过程中有幸承担了国家社科基金项目"我国生态文明建设制度创新研究"(批准号:16BKS070),与薄凡、叶有华、李华、王芳、卓立雄、张严等一起认真梳理了我国生态文明制度从无到有、党的十八大以来不断完善的详细过程。在此基础上,2020 年又参加了董战峰研究员作为首席专家的国家社会科学基金重大项目"加快推进生态环境治理体系和治理能力现代化研究"(项目批准号：20&ZD092)，作为子课题一"生态环境治理体系和治理能力现代化理论框架研究"的负责人。本书是这一课题的中期成果之一，也是中共中央党校(国家行政学院)创新工程"习近平生态文明思想"课题的创新成果之一。研究中受到了学术界各位同行的指导和启发，深表谢意！希望未来的研究中可以继续得到各位同仁的帮助与指正。

特别感谢生态环境部华南环境科学研究所刘晓文、张玉环等老师的帮助；感谢张严教授、叶有华研究员、王芳副教授以及薄凡、李华、卓立雄、宋昌素等博士的帮助和贡献；感谢刘晓珍、曾丹两位博士研究生对书稿的校对；感谢浙江大学出版社吴伟伟和陈佩钰两位编辑的悉心帮助和宝贵建议。

李宏伟

2021 年 5 月 10 日于中共中央党校图书馆阅览室

图书在版编目(CIP)数据

绿色发展：走向生态环境治理体系现代化 / 李宏伟
著. —杭州：浙江大学出版社，2021.6
（中国经济转型与创新发展丛书 / 迟福林主编）
ISBN 978-7-308-21638-8

Ⅰ.①绿… Ⅱ.①李… Ⅲ.①生态环境－环境综合整
治－研究－中国 Ⅳ.①X321.2

中国版本图书馆 CIP 数据核字(2021)第 156607 号

绿色发展:走向生态环境治理体系现代化

李宏伟 著

总 编 辑	袁亚春
策 划	张 琛 吴伟伟 陈佩钰
责任编辑	吴伟伟 徐 婵
责任校对	许艺涛
封面设计	雷建军
出版发行	浙江大学出版社
	（杭州市天目山路 148 号 邮政编码 310007）
	（网址:http://www.zjupress.com）
排 版	浙江时代出版服务有限公司
印 刷	浙江省邮电印刷股份有限公司
开 本	710mm×1000mm 1/16
印 张	14.75
字 数	200 千
版 印 次	2021 年 6 月第 1 版 2021 年 6 月第 1 次印刷
书 号	ISBN 978-7-308-21638-8
定 价	68.00 元